国家社会科学基金项目资助(07BZX062)
黑龙江省人文社会科学基地建设资金资助

作物资源的伦理观构建与种质运筹管理研究

王晓为 著

中国农业出版社

图书在版编目（CIP）数据

作物资源的伦理观构建与种质运筹管理研究 / 王晓为著. —北京：中国农业出版社，2012.6
ISBN 978-7-109-17334-7

Ⅰ.①作… Ⅱ.①王… Ⅲ.①作物-种质资源-研究 Ⅳ.①S33

中国版本图书馆 CIP 数据核字（2012）第 260867 号

中国农业出版社出版
（北京市朝阳区农展馆北路 2 号）
（邮政编码 100125）
责任编辑 赵 刚

中国农业出版社印刷厂印刷 新华书店北京发行所发行
2012 年 6 月第 1 版 2012 年 6 月北京第 1 次印刷

开本：850mm×1168mm 1/32 印张：9.125
字数：205 千字
定价：30.00 元

前　言

科学技术是人类理性精神的最高成就。达尔文曾经给科学下过一个定义:“科学就是整理事实,从中发现规律,并作出结论。”广义的科学包括技术。一般说来,科学包括两个方面:事实和规律。英国科学家戴维发现钾、钠,居里夫人发现镭,牛顿发现万有引力,爱因斯坦发现相对论等,这都是发现了事实,也就是科学。前人认为,科学首先必须以事实为基础,而规律就是事物内在本质的必然联系,违反规律就是反科学。

眼下,先人所认知的科学与反科学,已由先前的完全对立而倏地变得有时可以共存了。“人兽胚胎”的研究,早已打开了“潘多拉”的魔盒,人们的初衷只是为了获得用于医治人类疾病的药品,这种药品的获得,已经是客观事实,即可认定为科学,人兽胚胎的获得手段也可谓技术,但随之而来的人兽胚胎发育到个体问题,是与自然物种隔离机制大相径庭的,显然是伪科学。这种科学与伪科学伴生的现象应该是符合辩证法的,相信随着人们认知水平的提高,一定不会司空见惯。

随着当代精密制造业和实验手段的发展与完善，科学技术的飞跃远远超出人类的预期，一个个科学技术成就的取得，揭开了一个又一个自然之谜，许多古人的美好梦想，都在科学技术的成就下，变成了现实。但科学技术在给我们带来福音的同时，也制造了一些麻烦，如环境污染、生态破坏、资源匮乏等一系列社会问题。人们渐渐意识到科学技术具有两面性，是一把双刃剑。科学技术来源于社会，服务于社会，同时依附于社会，含带太多的功利性和享受性因素，如果人们只注重科学技术工作而缺少人文关怀，就会迷失方向，则科学技术就会误入歧途，只能成为侵蚀存在、绑缚自我、享乐时代的帮凶。

在义务教育课程标准试验语文教科书（人教版）八年级下册中，有一篇节选自严春友《大自然的智慧》的文章——“敬畏自然”。文章提及，人往往把人类自己与自然对立起来，宣称要征服自然。作者发出劝告，在自然面前，人类永远只是一个天真、幼稚的孩童。“如果说自然的智慧是海，那么，人类的智慧就是大海中的一个水滴，虽然这个水滴也能映照大海，但毕竟不是大海。”

人类究竟如何之与自然，这个问题引起了越来越多的学者和专家的重视，引发了一轮又一轮的思考。

2011年，温家宝总理在政府工作报告中强调，要扎实推进资源节约和环境保护，积极应对气候变化，加强资源节约和管理，提高资源保障能力，加大耕地保护、环境保护力度，加强生态建设和防灾减灾体系建设，全面增强可持续发展能力。资源的节约和生态环境的保护已越来越受到重视。而同时具有资源和生态环境双重属性的作物资源更应受到关注。

作物资源（作物种质资源）是从自然生态系统中选取出来的可资利用的高级植物资源，作物资源不仅为人类衣食提供了原料，为人类生活健康提供了重要的营养物质和药品资源，而且还提供了良好的生态环境。

“种瓜得瓜、种豆得豆”，关于作物种质资源的遗传效应自古便有描述。但随着现代生物技术的发展，虽然种豆不能得瓜，可建立在基因工程技术手段基础上的作物种质的人为运筹已成为现实，人们可以通过种质运筹，改变某一种质的生存势或抗逆能力以及品质元素，直接或间接地提高作物产品的产量和品质。在人类主观能动因子的作用下，作物资源生态系统不断发生着生物信息与遗传物质的交换，正是在这种交换的过程中，又不断地产生许多新的资源形态，丰富和扩展了作物资源生态系统，但进一步加重了作物生态系统的人类主观倾向性改造，打破了作物属于自然生态的自然性。

种质运筹直接或间接的结果是作物资源“非生态性偏差”的产生。“非生态性偏差”是作物资源存在于生态系统中所表现出来的非生态性存在，是作物满足当代人生产和生活需要的主观性选择的结果。作物满足当代人需求的非自然生态性越多，则作物资源的非生态性偏差就越大。“非生态性偏差”是作物有别于非种植植物的基本特征，这种非生态性存在是人们主观意愿在作物这一客体上的体现，因此表现为人类的干预力，属于人类干预自然力的范畴。这种干预力同样是有边界的，应控制在一定的程度和范围内。

作物资源是一种生态性存在，生态性是作物资源的存在本性。作物的生产是以利用自然生态能量为前提的物质生产，任何作物种质资源都要回归自然生态系统才能进行能量截获和物质合成。因此，“作物种质运筹”需要接受种质生态伦理的约束。种质生态伦理是指种质资源对其生存的外部生态环境所产生作用的伦理性约束，是种质资源作为非单一属性自然资源秉承自然法则的内在动力和外在要求。人类活动常常与自然环境相对立，即对环境是“有伤”的，种质运筹行为也不例外，现代生物技术竟使进化生物学中的“物种隔离机制”变得如此虚无，若不纳入管理学范畴，长此以往则自然无所谓自然，生态无所谓生态。

Nicole C. Karafyllis（2003）曾谈到，可持续发展与生物技术两种研究几乎没有共同的理论背景，可持续发展理念是以外部循环为基础特征，而生物技术注重目标的最优化（Optimization）。课题组的研究认为，可持续发展与生物技术二者可以结合。加强与现代生物技术认知同步的管理认知是生物技术服务可持续发展、可持续发展容纳生物技术的基础性前提。

荷兰学者 Edith T. Lammerts Van Bueren（2003、2005）曾在 *Journal of Agricultural and Environmental Ethics* 上分别发表题为 “The Role of the Concept of the Natural（Naturalness）in Organic Farming”、“Integrity and Rights of Plants：Ethical Notions in Organic Plant Breeding and Propagation” 的文章，2003 年又在杂志 *Crop Science* 上发表题为 “The Concepts of Intrinsic Value and Integrity of Plants in Organic Plant Breeding and Propagation” 的论文，系统阐述了作物育种繁殖中的伦理问题。提出了作物完整性及作物权利、作物外在价值、内在价值的概念，并对作物完整性做出分类。制定了完整衡量现有研究伦理规范的标准，并运用该标准评估当前作物育种繁殖工作，该标准置作物育种繁殖于整体的、科学的设计之中。但其研究缺少作物完整性缺蚀的生态学、经济学和社会伦理学分析，因此以“作物权力”为核心的伦理观构建基础略显不足。由于没有种质运筹的经济分析，使其有关作物育种繁殖的评估标准略显突兀。

关于转基因作物的开发与生产，人们的认识还只是停留在技术层面上，没有把有益基因看作是一种资本，而只看作是一种带来作物产质量增加的有效手段。

种质运筹是经济学层面的概念，提倡以技术认知统领，以经济理论统筹，以环境（或生态）尺度论证。现代生物技术条件下的种质运筹将提高基因转化的经济性，克服盲目性和主观倾向性，使植物基因工程事业趋向于科学化、合理化和人性化。

本研究探讨作物资源的资源伦理、生态伦理和种质运筹管理，旨在维护作物资源的生态性、安全性以及自然的可持续发展，选择并形成有利于节约作物资源和保护作物资源生态性的产业结构；构建起现代生物技术条件下的作物种质运筹管理指标体系、种质资源价值核算体系、种质资源可持续利用评价指标体系。这些对于作物种质资源的可持续利用、农业产业的可持续发展和自然生态的和谐进步都将产生积极而深远的影响。

鉴于此，真正领悟人与自然的关系，人类应做自然界中的智者，决不要做所谓的“强者”。被划为自然科学的技术的应用与健康发展，离不开社会科学的关怀和启智。如果说归属于自然科学的技术手段是水，则社会科学可谓为渠，水到则要求渠成，这样的水才不会为患，这样的水才会谋福人类，完美自然。是为序，也把殷殷的关切献给为科学发展而辛勤耕耘的哲学和社会学者。

王晓为

于哈尔滨马家花园

目　　录

目　录

1

绪 论

结绳记事，完美的是历史。耕作田间，收获的不只是粮食——食品，还有劳作的心情和可陶醉的自然。历史是曾经的存在，食品、心情和自然也都是存在。

事物持续地占据着时间和空间即为存在（existence; subsistent），哲学中的存在是指不依赖人的意志为转移的客观世界，日常中往往狭义地理解为物质存在。

存在（实在）相对于不存在（虚无），具有难以改变、但能够改变的特性。存在是与主体有关的客体性现实的形态化或与主体无关的纯粹客体性的实在。其中，与主体有关系的现实的形态化，是针对于人类而言的。人类作为世界的总体性的唯一主体，其主体意识中的客体性现实的形态化，是一种存在，一种关于人类的存在。而与人类主体无关的“存在”，一种人类暂时还不能认识、甚至还不能想象、还不能用语言将其改变为现实的“实在”，也是存在。

以人为主体意识的客体现实的“存在”，是带有认识缺陷的非完美“存在”，其基本标准是以人为参照，并具有主体意识的可描述的存在认识。由于人对存在的主体认识，加之认识本身就具有主观倾向，而使本来的“实在”变得形象化，继而变得主观化、功利化。

1.1 人类的生存状态与认识危机

人类在控制自然的历史进程中从自然生存转向技术生存，且在今天的文明发展中又将和必将选择生态生存。吴苑华（2010）在“从自然生存到技术生存再到生态生存”一文中提出，莱易斯（William Leiss）在历史地反思“控制自然”及其观念的理论中，揭示了控制自然与人类生存的内在关系。在他看来，人类控制自然经历了由自然控制、技术控制到生态控制的曲折过程；与此相对应，人类的生存状态则经历了自然生存、技术生存到生态生存的痛苦抉择历程。

人类存在感的变迁，源于认识危机。控制自然及其观念的自相矛盾性是人类痛苦生存的根源。一旦人类进入生态生存状态，就将自觉地放弃控制自然而转向解放自然，自觉地与自然和谐相处，适度生产，适度消费，建设一个宜于生存的生态文明社会（吴苑华 2010）。

认识论是探讨人类认识的本质、结构，认识与客观实在的关系等问题的哲学学说。唯物主义认识论坚持从物质到意识的认识路线，认为物质世界是客观实在，强调认识是人对客观实在的反映，申明世界是可以认识的。辩证唯物主义的认识论则进一步把实践作为认识的基础，把辩证法运用于认识论。

纯自然生态观中的存在被理解为与认识没有任何关联的虚体实在，而与认识相孪生的存在是认识性存在，说明完美的存在已经被具有行为意识的主体群体所标记，并带有本难以改变，却能够改变，并将最终被改变的特性。存在被意识的标识，意味着存在的独立性消失，存在的非独立性和意识关联性被启动。

存在的意识关联特性，决定“实在”的所属和拥有走向。长在麦田里的麦苗，一旦被饥饿的牛群标记为可食的美味，注定被偷吃和践踏。则本该以积累淀粉为方向的麦苗则沦为了牛腹中的草料。而牛最大的失误就是不知当麦苗长出麦芒后的麦粒更是可以果腹的“实在”和美味。

人类的主观标识，使自己不断陷入认识论危机。人在对“实在”进行标识的过程当中，把人作为“实在”相对的参照物，即自己的主体认识的“实在”装载。而这种主体认识的装载一旦带有功利性倾向，则加速了“实在”能够改变，并注定将被改变。

1.1.1 科学技术的迷途与哲学导向

在现代科技叙事中，充斥着大量基于科学的技术和技术导向的科学。针对诸如生命技术（biotechnology）之类的称谓，人们难以明晰区分科学与技术，继而成为一种困惑。这种困惑的根源在于科学与技术的迷途（段伟文，2007）。

在曾经的观念看来，科学是抽象纯粹的理论知识，技术则是纯科学理论知识的应用。这样的认识源于启蒙理性主义并为逻辑经验主义所强化的基础主义的科学技术观，并已根深蒂固。其强调，科学作为追求自然永恒真理的活动，其理论知识是对自然实在的镜像式的反映或表象（representation），技术则被界定为应用科学。

技术观是特定时期人们对技术的总体评价，其涉及人们对技术发展的总体看法，对技术功能的认识，以及技术实践与其他社会实践的关系等。现代技术观的形成和演进，源于现代技术体系的形成及技术应用所产生的经济效益、自然效应和社会效应，反映不同哲学的世界观和方法论在技术哲学领域的影响和矛盾冲突。

苏振锋（2010）从技术的三维角度，运用马克思主义的立场、观点和方法研究现代技术观的演变和未来趋势，通过借鉴西方技术哲学的研究成果和运用发展中的马克思主义技术哲学，通过认识和把握现代技术的发展规律，形成促进现代技术系统与经济、自然、社会系统的协调发展的技术观念。

科学具有生命力，其生命力是在社会环境中生存和发展起来的，并在社会和文化的发展中顽强地体现，同时会给社会和文化的发展以极大的推动作用。如今的科学已经发展到需要公众参与的阶段。公众首先要对科学的社会功能、技术的社会应用以及由此带来的道德、伦理等诸多问题进行一定程度的审视与反思，充分了解科学的相关议题并进行参与。具有实证利益的科学研究，想要获得公众的支持，就必须寻求公众对科学的认同。

当前生命科学的社会功利作用和社会群众心理承受以及舆论映象间存在极大的反差并很难兼容。在这种难越沟壑面前，就是生命科学研究领域的前沿科学家也手足无措。面对矛盾，哲学和社会学家开始反思，科学家们也开始转向哲学，并寻求和谐的导向，以期获得圆满而广泛的解决之道。

科学要解决“是”的问题，探讨客观世界的真理和规律，而伦理学要解决“应当”的问题（徐建龙，2008）。“是”是道，“应当”是常道。如何使“道”成为“常道”是伦理学的导向期盼。

当代科学与哲学的关系是具体的、历史的，二者之间相互联系、相互作用和相互影响，呈现出多样性、多层次、多类型的关系。哲学对科学不仅是指导、引导的关系，而且是协助、理解，还有反思和关照。理解、协助是指导的前提，指导是理解、协助的升华，理解是社会的要求，关照是人本的必然（曾国屏，2009）。

科技史之父乔治·萨顿（George A. L. Sarton，1987）曾提出，在当代社会中出现了各种各样的社会问题，没有一种简单的办法可以解决他们，除非任何一种有效方案都必须有科学的人文主义化。我们必须使科学人文主义化，最好是说明科学与人类其他活动的多种多样的关系，科学与我们人类本性的关系。故而，科学的人文主义化不但不会消解科学、贬低科学，相反则使它更有意义，更为动人，更为亲切。

尽管科学的认知活动是指向自然的，但活动的目的当然是以人为落脚点的。科学就其本质而言，是人本的科学。因此关于科学的社会性只能通过将科学“方法”、“社会学”规范和心理学“认知”结合起来进行回应，才能获得圆满的结果［约翰·齐曼（John ziman），2003］。

1.1.2　生命就是存在，怎能遗忘自然

卜祥记（2010）提出，感性的“对象性活动”不仅是人与自然界之间的对象性关系得以成立的根据，而且反过来也可以确证人与自然界之间的关系只能是感性对象性的关系。因此，就作为感性活动的对象或感性活动产物的自然界而

言，它不再是仅仅作为在人之外的、与人相分离的，因而只具有被征服意义的孤立的自然界，也不再是在黑格尔思辨哲学的意义上被绝对主体的“纯粹活动”所设定或创设的抽象的“物性”，而是“主体性”的“本质力量”的“对象化”，是作为“对象性的存在物”的“人”的“本质力量”的“对象化”。

清华大学科技与社会研究所曾国屏教授在比较了爱因斯坦和普里戈金对待恩格斯的《自然辩证法》一书的不同评价，探讨了“存在”（巴门尼德）到“演变”（赫拉克利 ）的世界观后，提出了我们需要一个更加辩证的自然观的结论。

如何锁定感性、超越存在和演绎完美，生态存在要求我们在“对象性活动”与“存在演变”的往复中增加理性。

哲学是时代精神的精华，我们承认，西方近代哲学是精华中的亮点。但生态文明时代更需要一种不同于西方近代主体形而上学的新哲学。刘福森（2009）提出，西方近代主体形而上学的弊端是“对存在的遗忘”，也是“对自然的遗忘”。主客二分的思维框架遮蔽了自然具有的生态价值，堵塞了人类通往自然的伦理之路；并强烈呼吁创建包括“生态世界观”、“生态价值观”和“生态伦理观”在内的新哲学；还大胆提出，生态文明时代需要一场哲学观念的革命。只有重造人类的精神家园，我们的物质家园才能得到切实的保护。

生命是存在，存在是自然的基本表征。只要我们没遗忘“存在”，就不能够遗忘自然。但不遗忘的前提是我们要承认“认识论的危机”，我们的认识相对于具有 40 多亿年的自然界，实在太有限了，所以，保持科学理性，建立行为制度，健全伦理规范，更有利于自然的存在。

1.1.3 存在、权力对等与德行规范

存在是自然的基本表征，存在具有权力对等性。对等即同等，平等；地位、级别或条件相等。权力对等是存在的基本要求，没有权力对等就谈不上"存在"，没有权力对等则"存在"或早或晚会演化成虚无。因此存在要求权力对等，而权力对等需要德行规范。德性体系中的道德规范需要内化条件，影响德性建构的主要因素是心理因素，基于德性与德行的复杂实践关系，要想德性与规范相统一需要漫长的道德实践。

1.1.4 德行与规范的重构

现代科技文明所面临的危机根本上应归咎于人如何估价自身地位与能力的危机；自生态危机、人口爆炸以及环境危机等全球性危机出现之后，人类开始意识到自然资源的有限性以及自身能力的局限性，但是对于人类智慧的现实有限性并没有深切体会与认识。人类只能在有限范围内提高智慧，应当对现代科技文明进行理性反思与重构。因此，许多学者提出科学技术不能离开人文关怀，提倡科技工作者要具备有责任、敬畏、同情、宽容等伦理精神。

中国社会科学院杨通进研究员认为，重建与现代社会相适应的伦理规范，使人们自觉地认同并坚守那些具有普遍意义的基本价值，是我国道德建设所面临的主要任务。中国的伦理学研究要直面市场经济和民主政治的"伦理瓶颈"，立足责任伦理，关注信念伦理，抛弃一切先入为主的偏见，理

性地面对古今中外的思想学说，在平等对话的基础上，为自然与和平提供积极的伦理资源。

朱贻庭教授也提出，当代中国伦理学的研究应该直面社会伦理道德变化的现实，把握现代伦理道德的内在张力，推动伦理学学科的发展。

中国人民大学龚群教授认为，德性是社会制度规范对人的行为的道德要求，并且内化为人的内在品格。在这个意义上，儒家传统的德性伦理学比西方亚里士多德和当代德性伦理学更为合理，其许多内容在现代社会条件下仍具有鲜活的生命力。

卜祥记指出，就“生态伦理学”而言，当它试图把传统理论中只有对人而言才有意义的伦理、价值观念等赋予自在的自然时，一切自在的自然都更为彻底地被看作是可以征服和利用的潜在资源，人与自然休戚与共的关系不仅没有被牢固地建构起来，反而更加尖锐地表现为“ 二元分立 ”的对峙与冲突。如果把马克思的“感性活动”所表达的人与自然界的“原初关联”作为“生态文明之理论根基”，那么 20 世纪人类生态文明的觉悟所面临的理论困境就可以从本质上被化解。

生态伦理观还包括另外一个方面，即对人类的实践行为的反思、约束和规范。只有约束了人类的不合理的实践行为，才能真正做到对自然的保护。

后现代农业发展阶段，德行与规范的重构需借力于我国传统文化资源。

上海师范大学陈卫平教授认为，儒家学说归根结底是为了阐明“应该做个什么样的人”，孔子的君子论即集中表达了他对于这个问题的思考，这些思考是我们今天研究儒学的历史贡献和现代意义必须给予高度重视的。

道家崇尚“道法自然”和“无为而治”的哲学理念。道家的这种观点具有明显的偏激性和局限性，不利于古代科技文明的发展。但是今天，当我们面对现代科技文明高度发达所产生的负面作用而进行反思时，就会发现道家的技术观对于我们正确认识科学技术的社会价值具有相当大的启发性：首先，人类应当正确认识技术应用的负面作用；其次，技术活动应当追求达“道”的境界；再则，合理的技术应当是顺应自然的技术（胡华凯 2010）。

1.2 人类能否走出索要的荒芜

在异化劳动或谋生劳动条件下，人们都是在价值规律支配下为资本增值而劳动，资本成为人与自然之间的中介物，它使人与自然都被资本化和商品化，从而扭曲了人与自然之间的联系和交往。因此人与自然二者都成为资本增值的手段，资本或货币反倒变成了人与自然的价值。这样一来，自然就不能按照人的方式，也不能按照自身的方式向人显现，而只能按照资本或价值规律的方式向人显现[①]自然受到资本的催逼，资本无限制地向自然索要价值，逼迫自然按照对资本增值有用的方式贡献自己的价值。现如今，人类已经陷入索要的荒芜。

① 马克思．1844 年经济学哲学手稿［M］．中央编译局译．北京：人民出版社，2004.

科学是现实的人从事的探索活动，现实的人不可能没有目的、利益、需要、兴趣与情感，事实上，科学家的动机和利益偏好等无时无刻不在影响着科学事业，而且传统观念中，科学最终服务于人类的自由和解放。简言之，科学是一种“人为的”和“为人的”价值活动。“科学负荷价值”是一个不争的事实（孙伟平，2008）。

现如今，资本催逼欲望无限索要自然的膨胀愈演愈烈，面对资源危机、环境危机、生态危机，直面“科学负荷价值”不禁使我们一再追问：人类能否走出索要的荒芜？

1.2.1 “人是目的”与敬重自然

“人是目的”是康德在《实践理性批判》中的一个主要命题[①]。“人是目的”之所以成为可能，是因为人有理性、是理性存在者。有理性才有目的，无理性不可能有目的，理性是人有别于动物而体现出来的最主要的本质。理性使人与大自然创造的其他事物区别开来，它使人获得不同于他物的自尊、自我意识和意志自由。

万事万物是相互联系而构成的目的体系，任何事物既是一事物的目的又是另一事物的手段。因此，认为只有人才是其他事物的目的而不是手段的观点，有失偏颇，更缺乏理性。邵永生（2009）将“人是目的”理解为一种“相对人类中心主义”的价值观，并提倡将“人是目的”的实现与“敬重自然”道德情感的培育结合起来。他提出，“敬重自然”道德情感的培育是人类文明发展和道德进步的必然要求。他

---

① 康德．实践理性批判［M］．韩水法译．北京：商务印书馆，1991.

认为，在原始文明时代，主要依赖于盲目的自然力，所以，人们对于自然的基本态度是崇拜；在农业文明时代，主要取决于人力资源与自然资源的相互配合，人类对自然的基本态度是敬畏；在工业文明时代，由于工业生产基本上摆脱了对自然力的依赖，因而征服和占有就成了人们对待自然的基本态度。对自然的征服导致了全球性的环境危机，其实，从根本来说这是人类的精神危机与道德危机。

其实，在自然面前，人类永远只是一个天真、幼稚的孩童。“如果说自然的智慧是海，那么，人类的智慧就是大海中的一个水滴，虽然这个水滴也能映照大海，但毕竟不是大海。”

“敬重自然”道德情感的确立需要人类克服自身的过度欲望，树立适度消费的生态道德观；需要人类表达自身对未来的关切以及对生物多样性、自然生态系统平衡性和整体性的关切；更需要人类树立生态保护意识，认识到自己决不是自然的统治者，而仅仅是自然中极普通的一员（邵永生，2009）。

1.2.2 罗氏的假说与伦理缺蚀

罗尔斯顿（Holmes Rolston）被誉为“环境伦理学之父”，自称为“一个走向荒野的哲学家”，其以荒野自然观为本体论、以生态整体主义为认识论与思维方法、以客观的自然内在价值为价值论，形成了一个完整而开放的环境伦理学理论体系。罗氏认为，传统伦理学是以人类利己主义和人类中心主义为基础的，只关心人类的生存利益而不管其他物种的生存利益，故而我们尚未拥有适宜于这个地球及其生命共同体的伦理学。罗氏的假说一语道破了以人类为主体开展认识和进行伦理思维的魔障，使我们不得不深思罗氏的假说，探究伦理缺位的根源。

地球是人类唯一能依赖的生命支持系统。我们无时无刻不享受到地球为我们提供的“服务”：新鲜的空气、纯净的水、多重的环境与多样化的食物，使我们悠游其中而浑然不觉。1991年开始，美国科学家使用最先进的科学技术和付出最高昂的代价，还是没能炮制出“生物圈二号”。人类无法有效地复制出地球这样一个生物圈，哪怕是小小的一部分。所以说，我们还没有完全认知地球的各个生态系统是如何运转的，更不用说去管理了。在还有那么多未知没解开之前，维持生态系统的完整性，才是最好的策略。否则，失去之后，别说自创一个，就是找一个样本来复制恐怕也找不到地方。

鉴于此，而今的自然原本不需要伦理，所谓的伦理缺蚀，是相对于人类主观意识膨胀的盲目而言的。最好的伦理也许是人类用其特异性的理性保持对自然的敬重，不满三百万岁的人类想对46亿高龄的地球指手画脚、当家做主，确实有些荒唐。最好的生态建设就是让生态自己建设，否则，我们如何还会有下一个五千年文明。

1.2.3 人与自然和解的基础仍然是物质

实现人与自然的和解，其基础和根源不在抽象的精神活动方面，而在物质生产实践方面。因为抽象的精神活动撇开了感性物质因素，所以它不具有现实性（王国坛等，2009）。实现人与自然的和解必须建立在物质生产实践的基础上，因为物质生产实践是一种感性活动。实践作为感性活动，它的特点表现在既跟人相关又跟自然有联系。这种联系不是那种简单的直观联系，而首先是通过一定的感性活动所发生的"力"与"利"的交换和"力"的相互作用，进而形成的联系。

经过一系列的精神游弋和道德升华，解决人与自然矛盾的落脚点仍然是物质生产实践。那么，具有绝对理性的人类当醒悟，异化劳动不再有劳动的美好，谋生劳动应该是原始条件下的产物，过度消费是人们在价值规律支配下为资本增值而劳动的魁首，和谐"互换"当取代资本成为人与自然的中介物，它使人与自然都免被资本化和商品化，从而会绵延人与自然之间的联系和交往。

1.3 现代文明视野的生物哲学走向

1.3.1 现代文明下的制度与伦理

制度和伦理是一定时代人的主体性和内在品质的两种体现形式，是人自身发展程度的两个尺度。其中一个标示人对当时所处社会关系的理解、把握与安排的能力（制度），另一个则表明人处理各种关系时所秉持的观念（伦理）。它们都不过是人自身发展程度的体现，都是人的一面镜子。

制度与伦理有着共同的基础，它们都基于具体的社会实践，都决定于一定社会的生产方式。因此，制度与伦理并不是彼此独立的，而是相互联系和相互作用的（杨清荣，2008）。在制度伦理的论域内，当我们对制度进行某种判断和评价时，伦理就已经参与其中；当我们要在全社会确立某种伦理精神与观念时，就已经隐含着制度上的要求。任何制度伦理都只能表达当时社会实践的要求，从来就没有一般的、抽象的、仅具形式的制度伦理，真正起作用的制度伦理总是现实的、具体的、紧扣当下社会实践的。

尽管我国的制度伦理研究近几年取得了很大的进展，但受西方的影响比较明显。无论是探讨制度管理、运行与实现的伦理问题，还是探讨制度完善与制度创新的伦理问题，都存在明显的缺陷。首先，不追问制度产生的实践背景及由此产生的伦理依据，仅在一般意义上探讨制度的合理性、正当性与善的问题。其次，片面地将制度作为整饬社会道德生活的良方，企图以此对社会成员进行强制性规约，这实际上是割裂了制度与伦理的关系。

在人类历史的演进过程中，制度与伦理总是充满着矛盾与张力，而且往往不同步：有时，制度跟不上社会伦理精神的要求。当社会已经出现崭新的伦理精神和价值目标的时候，制度可能还在抱残守缺。而有时，当制度创新已经出现，但社会大众的伦理观念还是陈旧的、甚至是腐朽的，这使得社会大众的精神品质和行为方式跟不上制度的要求。

1.3.2 生态文明与工业文明

生态文明（ecological civilization）同工业文明（industrial civilization）是两种不同的文明形态。工业文明是一种以无限度的经济增长为目的，以征服、改造自然为手段，以破坏自然生态系统的平衡为代价的不可持续的文明形态。但迄今为止，工业文明的最富活力和创造性不可否定它贯穿着劳动方式最优化、劳动分工精细化、劳动节奏同步化、劳动组织集中化、生产规模化和经济集权化等六大基本特点。生态文明则是以人与自然和谐共存为基本特征，以尊重自然、保护自然为价值选择和伦理选择，以实现人类可持续的生存与发展为目的的新的文明形态（刘福森，2009）。包括对天人关系的认知、人类行为的规范、社会经济体制、生产消费行为、有关天人关系的物态和心态产品、社会精神面貌等方面的体制合理性、决策科学性、资源节约性、环境友好性、生活俭朴性、行为自觉性、公众参与性和系统和谐性等。

毋庸置疑，工业文明之路布满权欲的荆棘，在生态血泪与人类福欲的满足中，吹响了回归生态之路的号角，但工业文明夯实了生态文明的基础，没有工业文明的精神和物质积累，人类难以承受唯生态文明的清寡之负。生态文明是人类文明走向的必然选择。

1.3.3 自然科学没有终极真理

正确的哲学观念是对自然、社会与人类行为规则的高度概括，如果科学工作者无视哲学的基本原则而一味受某种专业偏见的诱导，就会迷失探索的方向。19 世纪与 20 世纪之交，终极真理这一反哲学的思想悄然弥漫于物理学界，以至于迈克耳逊（Albert Abraban Michelson）实验一出，人们不约而同地企图将其纳入经典物理学的轨道。只有不知晓迈克耳逊实验的爱因斯坦，出人意料地推动了物理学的新发展（朱亚宗，2010）。令人遗憾的是，终极真理这一违反马克思主义哲学基本原理的错误思想，在 20 世纪的科学界一再复制，许多科学家沿着错误的研究方向空耗无数的聪明才智，其中不乏著名的科学大师。

1.3.4 现代文明的生物哲学走向

达尔文学说给哲学上带来了本质主义（essentialism）与群体主义（populationism）的争执。本质主义认为，所有自然类都有本质，这些本质属性往往构成了某个体是否属于该类的充分必要条件。

在生物学中，也有相应的物种本质主义（species essentialist），该理论认为，每个物种都具有某些本质属性，而个体是否拥有这些属性决定了它是否属于这一物种。基于此，物种本质主义还提出了生物的类型相似性（type similarity）。而群体主义主张“群体思考”（population thinking），认为那些从同一先祖逐渐进化而来，并且自然选择作用于变异，从而形成的群体，就是物种。本质主义与群体主义的完美结合将引导生物哲学的基本走向。

进化论与基因学是现代生物学的两大基石，有些学者过分强调适应在进化论中的作用，提出适应论（adaptionism），认为有机体的每个特征都是为了适应某种功能而进化的结果；也有些学者过分强调基因的作用，提出关于基因组的原子论（atomistic view of the genome）。米切尔（Sandra Mitchell）反对在生物学中片面强调适应与基因，主张发育观（developmental view）：生物性状可以有适应性，但并非适应作用的结果；生物性状的进化可以没有适应作用，而是其他适应性性状的结果，或已有生物蓝图的保留性状，或发育约束的产物。她进而提出，生物学哲学的趋势是综合进化（Evo）与发育（Devo）。

还原论（Reductionism）是主张把高级运动形式还原为

低级运动形式的一种哲学观点。它认为现实生活中的每一种现象都可看成是更低级、更基本的现象的集合体或组成物，因而可以用低级运动形式的规律代替高级运动形式的规律。还原论派生出来的方法论手段就是对研究对象不断进行分析，恢复其最原始的状态，化复杂为简单。

在生物学哲学上，还原论被分析为三种：(1) 本体论还原：每个特定的生物系统（如有机体）只不过是由分子及其相互作用所构成，也被称为“构成唯物论”（compositional materialism）；(2) 方法论还原：即在尽可能低的层面上研究生物系统最有成果，生物学实验研究旨在发现分子与生化的原因，也称为分解策略（decomposition strategy）；(3) 知识论还原：更高层面的科学知识可以还原为更低层面的科学知识，如理论还原与说明还原。

生物学哲学家大多赞同本体论还原。传统生物学的现象确实是由分子及其相互作用所构成，没有什么神秘力量在背后起作用。他们也大多认可方法论还原。近些年分子生物学的迅猛发展，加深了我们对传统生物学的认识。最有争议的是知识论还原，其焦点是传统生物学知识能否还原为分子生物学知识，传统生物学现象能否用分子生物学来说明。米切尔（Sandra Mitchell）明确指出，生物学中“突现”因“整体大于部分之和”、不可预测性和向下因果三大特征，而使得知识论还原论难以成立。

1.4 作物资源伦理观念待开发的处女地

现代生物技术条件下的作物资源管理，提倡生物学科、生态学科、资源经济学科和管理学科等多学科融合，探索和发掘作物资源的生态、经济发展的最适途径。

所谓生态、经济发展的最适途径是基于作物资源发生与利用的适宜性、可行性和无害化分析，包括地域、生态、经济和伦理等因素的分析，依照生态伦理要求，构建作物资源不萎缩、环境生态不恶化、经济社会快发展的作物资源管理体系。规划与管理的目标是寻求促进作物资源保护、发生与利用的人类活动和生态评价活动的一致性。McHarg (2003) 把这种状态描述为负熵—适应—健康。其对立面则是正熵—不适应—病态。要达到这种状态，需要找到最适的环境评价指标、经济发展指标，使环境容许活动，也使经济活动服从于环境。作物资源管理的内涵就是寻求一个生态、经济最适的作物种质资源利用状态。作物资源伦理观念目前仍是一个待开发的处女地。

1.4.1 对"一棵松实践两难"的诠释

山上的一棵松树具有两种价值：第一，是松树对人的"工具性价值"；第二，是松树对于森林生态系统来说具有的"生态价值"。自然物同时具有的这两种价值是互相冲突的：当我们把这棵松树砍掉用它去做家具时，它的"工具性价值"得到了实现，但是，这棵松树的"生态价值"也随之被毁灭了。而如果我们想让这棵树继续实现它的生态价值时，我们就不能砍掉它，因而它的"工具性价值"就不能实现（刘福森，2009）。可见，自然是不能同时实现这两种价值的。正是这两种价值的矛盾性质，把人的改造自然的生产实践推到了两难的境地。

关于一棵松实践的两难，是人们把抽象地解释自然物对于生态和人的关系形象化的一种诠释。实际上，松树无论对于自然的生态价值还是对于人类的工具性价值的体现，都是以群体形式出现的，独树难以成林，何谈生态价值？一棵树又怎能建造房屋？这正如作物种质资源的价值体现一样，作物种质资源越丰富，遗传多样性越多，则其可利用性价值和生态共和性价值越高。

退一步讲，我们不改造自然就不能获得必要的生活资料，因而就不能生存；同样，如果我们过度地改造了自然，也会因毁灭了自然的生态价值而使人失去基本的生存条件，其结果也是使人不能生存。在这个“两难”面前，我们唯一能够做的，就是对人类改造自然的实践活动进行必要的规范和限制，以便把我们的实践活动的深度和范围限制在整个自然生态系统的自我修复能力容许的限度以内。正因为自然生态系统具有一定的自我修复能力，因而只要把人类的实践活动对自然的破坏保持在一定的限度以内，就不会使整个自然生态系统的稳定平衡遭到彻底的破坏。自然生态系统稳定平衡的保持，这应该是人类实践活动的底线。

1.4.2 作物：田地里的生态，收获后的粮食

无米何谈炊，无籽怎有粮？粮食收获的前提是播种种子，种质资源是作物生产的本源，而作物的生产是以利用自然能量为前提的物质生产，任何作物种质资源都要回归自然生态系统才能更好地进行能量截获和物质合成，所以作物生产的实质是含有人力和智慧的生态能量截获与加工，其本质是一种人为参与的生态自然。人为参与是作物生产的基本特

征。作物生产的目的是获得人类群体衣食住行的物质保障，其结果是寒暑往复，作为具有理性意识的群体，在建设开发人类文明时，不再像小鸟一样为基本生活需求奔波。

作物生产首先是生态自然，人为参与的界定应以自然的承受能力（承载力）为基本标定。这样才能延续作物生产的美好：田地里的生态，收获后的粮食。

1.4.3 作物资源管理的目标

作物资源管理的目标是运用管理学和资源经济学的方法和手段寻求并获得促进作物资源保护、发生与利用的人类活动和生态评价活动相一致的作物资源相关制度体系建设、伦理道德建设和市场元素建设，保障维护人类繁衍的生物资源之一的作物资源的健康发生和永续利用。

1.5 建立作物资源伦理观念的重要意义

1.5.1 作物种质资源的概念及特性

作物种质资源，又称作物品种资源、遗传资源、基因资源，是指蕴藏在作物各类品种、品系、类型、野生种和近缘植物中可改良农作物的基因来源。

我国《农作物种质资源管理办法》对作物种质资源做了缜密的界定，作物种质资源主要指选育农作物新品种的基础材料，包括农作物的栽培种、野生种和濒危稀有种的繁殖材料，以及利用上述繁殖材料人工创造的各种遗传材料，其形态包括果实、籽粒、苗、根、茎、叶、芽、花、组织、细胞和DNA、DNA片段及基因等有生命的物质材料（《农作物种质资源管理办法》，2003）。

在资源管理学范围内，作物种质资源不是一个单纯自然属性的概念，而是一个包括自然、经济和社会因素在内的综合性概念。既是社会物质资源又是生态资源的作物种质资源，与其他自然资源相比，具有如下特性：

（1）作物资源丰度的扩张性。作物资源特有的经济和社会利用属性决定了作物资源的丰度扩张性。作物生态系统是自然界能量流动的主要环节之一，其源、库、流的能量积累和分配强度，决定其满足人类社会需求及为人类提供服务的能力和质量。无论是当代还是久远的后代，人们都不会停止对作物种质资源的研究和创新探索，以增大选择性，提高供给性，丰富多样性，满足生态系统能量流动中的能量截获以满足人类生存和发展需要。所以，正常情况下，作物资源的丰度时刻呈现增加的趋势。

（2）作物资源生态系统的动态循环性。作物资源生态系统的动态循环性指作物资源的可更新性。作物资源在进行着自然选择的同时，还进行人类的主观选择，人类社会活动对自然的影响结果间接影响着自然选择，人类选择的倾向性决定作物资源的更新方向。例如，任意引进外来物种导致生物入侵等都可能威胁作物遗传多样性和作物资源的安全，可能使其衰减、萎缩、退化，甚至濒危或灭绝。作物资源的可更新性还涉及生态服务功能的可更新性与可持续利用。因此，作物资源的动态循环过程会随时反映人类作为选择者和作物资源作为生态子系统的被选择者的依存质量与和谐程度。

（3）时空分布的差异性。作物种质资源具有时空分布的差异特性。受地理区域和水热条件等气候因素的影响，作物种质资源和作物种群的分布表现出明显的区域性，在生态区域的共轭性与相似性的基础上，又明显表现出时序差异规律，即在同化前提下又显著表征为异化现象。作物资源时空差异现象源于其生存条件（特别是水、热条件）的差异，也就是说气候特征决定了作物遗传多样性及其相应的生态系统特征和作物资源的分布特点。由于作物资源的生存、生长与繁衍在一定程度上取决于生态环境条件，生态环境条件的可适性和胁迫度直接影响作物的生存与繁衍，也直接影响作物遗传多样性及其生态系统的特征、组成、结构与功能。

（4）多功能性和多价值性。作物资源作为生物资源的一部分，以其遗传多样性为主干的能量供给、物质服务功能与用途是多方面的，这种多功能、多用途决定了作物资源的多维价值属性。

1.5.2 建立作物资源伦理观念的意义

科学哲学，经过后实证主义与新经验主义两次转向，实现了从偏重理论的基础主义到偏重理论的相对主义再到注重科学的技术性向度的科学—技术观的转变。最终，新经验主义超越了基础主义的理论优位的科学技术观，形成了凸显科学的技术性与物质性向度的科学技术观（段伟文，2007）。作为资源的一种特例，作物资源既有资源属性、环境属性又有社会属性，开展关于作物资源的科学技术哲学研究，关系民生、关乎发展、系于生态。

本研究探讨作物资源的资源伦理、生态伦理和种质运筹管理旨在维护作物资源的生态性、安全性以及自然的可持续发展，选择并形成有利于节约作物资源和保护作物资源生态性的产业结构；构建起现代生物技术条件下的作物种质运筹管理指标体系、种质资源价值核算体系、种质资源可持续利用评价指标体系。这些对于作物种质资源的可持续利用、农业产业的可持续发展和自然生态的和谐进步都将产生积极而深远的影响。

生物学哲学要向生物学家展示自己的价值，具体指明生物学中的哪些方法和理论需要方法论的反思。董国安（2009）曾强调，今后一个时期，生物哲学家的重要任务之一就是让自己的研究更加贴近生物学研究的实际，回应生物学家所提出的理论问题，为生物学家的理论反思建立起合适的生物学哲学规范。基于此目的和出发点，本课题组广开言路，广泛调研，积极反思，大胆建模，希望以国家社科基金项目研究为契机，抛砖引玉，让作物资源延伸入生态文明的原野，奏响和谐的时代华章。

2

作物资源
——游离在伦理视野外的危机

2.1 西方环境伦理观念的发展与整合

在当代西方环境（生态）伦理学的大讨论中，布赖恩·诺顿（Bryan Norton）是现代人类中心主义的代表。诺顿的人类中心主义有两个重要特点，一是主张环境主义者的联盟，二是认为大自然具有改变和转化人的世界观和价值观的功能。他的自然价值转化论极大地丰富了现代人类中心主义的内容。

布赖恩·诺顿主张，现代人类中心主义必须建立在理性的分析基础之上。他通过理性的分析，提出“感性偏好”与“理性偏好”，“满足的价值”和“价值观改变的价值”的概念。

诺顿把人的需要满足理解为人的“需要价值（human demand value）”，把人的价值观的改变理解为“转换价值（transformative value）”。与绝大多数人类中心主义者一样，布赖恩·诺顿也认为，只有人才是内在价值的拥有者，所有其他客体的价值都取决于它们对人的价值的贡献。

诺顿认为，并非所有的感性偏好都是合理的。有些感性偏好能经得起理性的检验，从而演变为理性的偏好；有些感性偏好则不能。物种虽然能满足人的需要，具有满足人的需要的价值，但是，人们所珍视的许多重要价值都不能还原为需要的满足。

诺顿关于感性偏好与理性偏好，满足的价值和价值观改变的价值的概念的提出和界定使我们认识到，人的需要价值的毫无节制的膨胀是环境危机的重要根源。对野生物种和未遭破坏的生态系统的转化价值的诉求，给我们提供了一条批评和限制这类需要价值的途径。

布赖恩·诺顿指出，我们目前虽然还不能给出这样一种理性世界观的全部内容，但它至少应包含下述三点共识：第一，以生物学和进化论为基础的本体论。与其他物种一样，人类也是在复杂而相互依赖的生态系统中进化出来的。第二，怀疑论的和建构主义的知识论。自然界是极其复杂的，自然要素之间的相互联系是多层面的，发生在细小要素中的微小变化，会累积成引发整个系统的变化的诱因，而系统的变化又反过来影响这些要素的变化。第三，在自然面前保持谦卑的伦理观念。包含上述本体论和认识论原则的世界观要求我们在评估自然、确定自己的目标时，采取一种谦卑的态度（Norton B G，1984，1987）。

自然生态系统是复杂和多样的，以致它们常常超出我们现有的理解能力，因而，在追求我们的目标时，我们必须保持高度的警惕。仅仅依据从相互联系的复杂系统中抽象出来的关于某种单一关系的知识而采取行动，这往往是非常危险的。对单一变量的控制也会产生不可预见的后果。因此，从生态世界观的本体论和方法论得出的是一种与自然（包括自然过程）协调的价值观。在这种价值观看来，以模仿自然过程的方式而行动是善的；那些促进自然过程的变化、从而增加其多样性的行为（如果不打断自然过程）是善的；那些引进缓慢的变化、从而使得自然能够适应的行为是善的。那些威胁着这些自然过程、打乱现有的运行良好的自然秩序、引进不可逆转变化的行为是恶的。

承认物种的存在以其自身为目的；承认人类为了生存，开发自然和利用其他生物是自然的；信仰人类的伟大潜力。美国植物学家墨特（William H Murdy）提出了完善中心主义的伦理思想，突出自然事物的内在价值。

环境危机在认识论上的原因缘于，“我们没有认识到一切事物在本质上是互相联系的”。现代人类中心主义的理论结构，把非人类的生命和自然界包括在内，这是人类认识的重要进步，这导致人类对自然责任的发现（余谋昌，2000）。

“敬畏生命”的伦理学，作为当时新的世界观的核心，对现实、对人类行为，都起到了一种指南针的作用。阿尔贝特·史怀泽（A. Schweizter）根据生存的愿望，从伦理学的高度提倡保护地球上的生命，建构敬畏生命的伦理学；同时根据文化发展的需要，从世界观的高度提出尊重生命的伦理思想。

尊重生命的伦理学，是一种肯定世界的新的世界观。“只有伦理世界观才具有使人在这种行动（建设新文化的行动）中放弃利己主义利益的力量，并在任何时候促使人把实现个人的精神和道德完善作为文化的根本目标。与此相关，思考肯定世界、人生和伦理，也就是思考真正的、完整的文化理想和把它付诸实现。”

保尔·泰勒（Paul Taylor）的《尊重大自然》（1986）

一书，是当代捍卫生物中心主义环境伦理学的最完整且最具哲学深度的著作之一。在该书中，保尔·泰勒从职业伦理学家的角度，在借鉴人际伦理学的理论成果和吸收当代生物—生态学的理论智慧的基础上，建构了一套完整的生物平等主义伦理学体系。

保尔·泰勒认为，凡拥有自己利益的实体，都拥有天赋价值。如果一个存在物拥有天赋价值，我们就应尊重它。尊重是伦理的本质。

保尔·泰勒还提出了环境伦理的基本规范：第一，不伤害的原则；第二，不干涉的原则；第三，忠诚的原则（the rule of fidelity）；第四，补偿正义的原则（the rule of restitutive justice）。这四条原则并不是同等重要的。不伤害的原则是最重要的，我们对大自然的主要义务，就是不伤害那些在我们的能力控制范围内生存的其他生命。

作为扩展人们的道德关怀范围的一种尝试，生物中心主义对人们的道德理性、道德胸怀和道德能力都提出了更高的要求。随着越来越多的义务对象进入了道德关怀的范围，人们所要承担的道德责任也越来越多了。这首先需要的是改变我们内心的道德信念和责任意识。许多人正在用实际的行动改变他们的内在道德信念，用对生命的敬畏和爱护展现他们对大自然的尊重态度。

在当代西方，生态中心主义者主要从三个角度来理解人对生态系统的义务，形成了三种理论形态，即莱奥波尔德（Aldo leopold）的大地伦理学、奈斯（Arne Naess）的深层生态学和罗尔斯顿（Holmes Rolston）的自然价值论。大地伦理学通过把人视为共同体一员，从而确立了人对大地共同体的义务。深层生态学则通过把自我与自然融合为一体，关心自我是人的天性，自然环境既然是自我的一部分，保护生态环境自然也就是每个人义不容辞的责任。自然价值论，把生态规律转换成论证人与自然存在伦理关系的理论平台，确立了生态系统的客观的内在价值，形成了其独特的生态伦理思想。

综合生态中心主义的各流派学说，生态中心主义自始至终都潜藏着这样一个隐性逻辑："生态学与伦理学同质"这个逻辑是从以下四个方面具体展开的：生态学所揭示的自然的系统性表明，人与自然是相互关联的，因而人与人之间的伦理学关联就是自然与自然之间的生态学关联，伦理学本身就是生态学；生态学所揭示的自然的自组织性表明，自然物就是一个与人一样的生命主体，具有"价值评价能力"，它之所"是"即它之所"应该"，因此生态学本身就是伦理学；生态学所揭示的自然的先在性表明，人是一个后来者，人是属于自然的，所以属人性的伦理价值范畴也就是属于自然的，伦理学属于生态学；生态学所揭示的自然的复杂性表明，自然是"一个复杂的有机体"，而复杂性就意味着稳定性，稳定性就意味着和谐与美丽，就等于伦理价值，因此生态学就意味着伦理学。抹杀生态学与伦理学的异质性，这是"生态伦理学"得以成"学"的奥秘（孙道进，2005）。

中国学者杨通进（2006）认为，环境伦理学的不同派别，代表了人类环境道德的不同境界，这就是人类中心境界，动物福利境界，生物平等境界，生态整体境界。它们不是相互矛盾的，而是相互补充的；不是相互排斥的，而是可以并行不悖的。因而可以通过不同派别的理论整合，走向一种开放的、统一的环境伦理学。

这种整合有其共同的基础：因为几种环境伦理学一致认为，人类道德扩展是必要的，道德对象范围从人和社会的领域扩展到生命的自然界，这是人类道德的完善；它们一致认为，环境伦理的道德有各自的合理成分，因而在这样的基础上，发挥不同派别的理论优势，综合它们的合理的思想，建立一种同时包含人类中心论、生物中心论和生态中心论的合理成分，补充其不完善的方面，建立既开放又统一的环境伦理学，这是必要和可能的（余谋昌，2000）。

2.2 生命科学研究中的伦理觉醒

随着现代生命科学新旧观念的更替，发生了新旧伦理道德观念的碰撞，乃至冲突。面对这些矛盾和冲突，人类必须做出选择和取舍。由于人具有自然属性和社会属性的两重性，因此其选择和取舍绝不仅仅是由人的生物学结构所决定，而且必定还要受到种种社会因素的制约。为了能从实践和理论两个方面寻求对策，人们一直在酝酿着要建立一门以生物学、医学、伦理学、哲学、心理学、社会学和法学相互交叉的学科，即生物伦理学（Bioethics）。20 世纪 70 年代伊始，一批有思想的哲学家开始被吸引到生命科学领域，“生物伦理学”这一新术语也就在这个时候诞生了①。

20 世纪 80 年代之后，生物伦理学的研究有了长足的进

① 范伦塞勒·波特是最早使用这一术语的学者之一，也是他首先将这一术语应用于《人口伦理学》（Population Ethics）和《生态伦理学》（Ecological Ethics）之中。

步。1993年9月便成立了“国际生物伦理学委员会”。1995年3月在“各国议会联盟第93届大会”上讨论的主要问题就是生物伦理学的实际应用。进入90年代，联合国教科文组织也几乎年年都要讨论生物伦理学应用中的问题。现在，生物伦理学已经成为生命科学中的一门重要分支学科。

现代生物技术赋予了人类相当强大的行为能力，这使得已有的伦理文化与道德规范受到了挑战，从而产生了所谓的伦理恐慌。如果引发伦理恐慌的许多事件的合理性得不到很好的阐明，就会导致人们在伦理恐慌面前无话可说，即处于一种失语状态。因此，当前虽然产生了现代生命研究中的伦理觉醒，但生物伦理学的研究任务仍任重而道远。

在20世纪70—80年代，解决生物伦理学难题最主要的理论是权衡利弊得失的“冒险—获益”原则。这种“理论”的全面的道德标准是现代功利主义观点和康德理论方法的混合物。功利主义要求对研究和应用技术进行详尽的分析，并做出综合性评价，估算研究或试验所带来的利益是否超过了可能受伤害的危险，所进行的冒险相对于期望得到的利益，以及期望所获得知识的重要性来说是否合理。获益大于伤害，即是正当的。在“冒险—获益”原则中，康德的理论方法则是反复强调要充分考虑到“人的尊严”、“要尊重人的自主权”和“个人的自决权”。在生物学、医学研究中，康德理论方法是突出了保护实验对象的权利；是强调在合法前提下去获取最大的利益，其前提之一就是试图保护实验对象免受“不合理”伤害，因此把现代功利主义和康德理论方法糅合在一起使用并不会出现相互矛盾的情况。

到20世纪80年代之后，德国著名哲学家哈马贝斯等人则认为协商伦理学是解释或分析生物学中伦理纷争的最佳理论基础，它通过社会各方的对话和反思，建立起相应的伦理道德原则，并使争论的各方在其中实现自己的预期利益。哈马贝斯提出以“协商式伦理学原理”代替功利主义性质的道德规范评价标准，在对整个世界理解的前提下协商伦理不把道德的主体局限于个人扮演的伦理角色，而把它定性为相互交流，并在其中协调各方行为冲突的集合体。

仔细推敲后不难发现，这两种伦理学原理都存在着共同的缺陷，即都忽视了道德的观念、道德的行为，是要受到社会政治、经济现实制约的。即便如此，这两种理论仍然具有帮助我们分析、解释生物伦理学难题的启发意义（高崇明、张爱琴，2004）。

2.3 作物资源问题的提出

作物资源问题是由作物资源的性质或特点以及人类对它的开发利用方式决定的。具有自然资源属性的作物资源，其问题主要体现在如下几方面：当前作物资源遗传多样性下降，资源遗传总量减少，作物种质资源衰退，农作物栽培品种单一化趋势明显；人类对生命规律的熟知加速了人类对作物资源的改造，现代生物技术特别是转基因技术的应用在给人类解决饥饿和贫困问题的同时，也带来了潜在的食品安全、生物安全、环境安全等一系列问题；作物种质资源商品化推广及国际贸易涉及作物资源代内公平使用的问题；现有的作物资源开发利用方式及对作物资源的疏于管理已给生态环境带来伤害，当代人在满足自身需求的同时牺牲了后代人对作物资源应该拥有的同等利用权。

作物资源是人类生存环境的重要生物要素，作物资源可持续利用不仅仅是作物资源的公平使用问题，更重要的是作物资源开发的生态可持续问题，作物资源问题呼唤生态伦理。

挪威学者阿伦·奈斯（Arne Naess）指出，深层生态伦理所谓的“不干预”口号并不意味着人类不应调整某些生态系统，也并不意味着人类不应调节其他物种。问题是此种干预的性质与程度。当今，面对现代生物技术条件下的作物资源生态系统，人类正面临着深层生态伦理的思考。

作物资源生态伦理首先应承认作物的完整性及其内在（天赋）价值；坚持作物资源开发利用应遵循生态可持续的伦理原则；对植物基因工程技术进行技术、经济、生态、伦理等多维管理；理顺作物资源开发和生态完整保护的关系，用“最优化”代替“最大化”，走“赢—赢”的道路，以求得作物资源的可持续利用和生态环境的健康发展。

2.4 作物资源游离在伦理视野外的危机

中国复杂的自然条件孕育着相对丰富的生物多样性资源，对全球生态环境建设和改善发挥了极其重要的作用。作物种质资源（遗传资源）是生物多样性中最为重要的组成部分之一，也是人类赖以生存和发展的重要物质基础。作物遗传资源不仅为人类提供生存的基础物质条件，而且可为人们选育所需求的新品种和开展生物技术研究提供取之不尽、用之不竭的基因来源（刘旭，2003）。“民以食为天”，“为政之要，首在足食”，说的是种植业生产的重要性，其实人的“衣、食、住、行”都离不开种植业生产。作物种质资源不但是种植业得以发展的基础，还是人类赖以生存的环境要素，具有资源属性和环境属性的双重属性。受全球环境问题及人口问题的严重威胁，自然资源有价论的呼声越来越高，作物种质资源的多种功能价值也越来越受到人们的重视。但当前，作物资源仍属游离在伦理视野外的危机。

作物种质资源（作物资源）是从自然生态系统中选取出来的可资利用的资源，作物资源作为资源的一种特殊形式，既具有自然资源的基本属性，同时又有其他资源所不具备的社会功能属性。作物种质资源是人类生存和社会经济发展的物质基础，无论是当代还是久远的未来，人类都具有平等的作物资源享有和利用权力。在现代文明高速发展的今天，当代人在利用作物资源的同时有责任为后继者管理好这一资源。

近十几年来我国粮食生产取得了巨大成就，其中除了政策性的因素外，科技进步发挥了关键作用，科技进步对我国农业增长的贡献率已由 20 世纪 80 年代的 20%提高到目前的 45%左右。我国主要农作物良种覆盖率已经达到 85%以上。特别是杂交水稻育种技术的突破，使得稻谷的单产从每公顷 6 000 千克提高到 8 000 千克以上（张宝文，2004）。其中育种技术的创新与突破功不可没，而丰富的种质资源是主要粮食作物品种更新换代的遗传来源。世界杂交水稻之父袁隆平的课题组正是利用海南一片沼泽地小池塘边发现的一株雄性败育的野生稻——“野败”，成功培育出第一个雄性不育系和保持系，继而又育成恢复系，实现了三系配套，使第一个具有较强优势的杂交组合“南优2号”成功问世。

随着世界人口的不断增长和人类生活水平的提高，人们对食品的数量和营养都有更高的需求。现代经济与社会的发展以及气候环境的变化，使许多动植物种群濒临灭绝。农作物栽培品种的日趋单一，遗传基础的日趋狭窄，使作物抵御自然灾害和不良环境的能力大大下降。这些原因迫使人们育成更高产、更多样化和能适应恶劣环境的作物品种（方嘉和，2002）。当今，作物遗传改进和突破性育种成就主要依赖于种质资源的发掘和利用。有专家认为，一个优良品种的育成，一般应有一半归功于优异种质资源的利用（卢新雄，2003）。我国是一个资源相对贫乏的大国，随着人口和需求矛盾的日益突出，人均耕地和其他农业资源占有量都远远低于世界平均水平。

当前，越来越多的国家已经认识到，生物多样性是人类繁衍生存的重要保证，作物种质资源直接涉及与人们生活息息相关的食物、衣着、药物、工业原料和畜禽饲料，作物种质资源不仅要为当前农业生产服务，而且也为人类社会的生存和发展服务。

作物的生产是以利用自然生态能量为前提的物质生产，任何作物种质资源都要回归自然生态系统才能进行能量截获和物质合成（王晓为，2007）。因此作物资源在满足人类生活基本需求的同时，还为人类提供环境的生物要素。近些年，作物资源生态存在价值（独立存在价值和生态共和价值）逐渐被人们认同，作物资源的环境属性也逐渐被认可。日本自然学家和哲学家冈田茂吉于1935年提出了“自然农法”的观点，强调要充分利用自然系统机制和过程，并“最大限度地利用农业内部资源”。20世纪70年代，另一位日本学者福冈正信提出，人类要采取与自然共生的农法。自然农法在理论思想上主张：自然就是资本，人类应当尊重自然，更多地与自然合作而不是对抗，尽量少或完全对自然“不为”，实行“无为农业”，以有利于保护自然环境和生态平衡，认为人、农业作物与其生活环境中的其他动、植物的价值是相等的，相互关系是互惠的，不存在谁为中心地位的问题（胡晓兵，陈凡，2006）。《齐民要术》中讲“顺天时、量地力，则用力少而成功多；任情返道，劳而无获”（牛文元，毛志锋，1998），但现代生物技术的发展，为人类征服自然和改造生命提供了可能。转基因作物的商品化，无疑将给千疮百孔的环境带来危机或潜在危机。2001年，在意大利纳普勒斯举办的联合国教科文组织会议上，讨论关于基因与生物学国际研究机构的科学研究工作时，其秘书长Maurizeio Iaccarino指出，由于科学技术正在改变社会以及我们的生活方式，科学家们再不能声称科学是中性的了，而必须考虑到科学研究工作的社会伦理性因素（Maurizio Iaccarino，2001）。

任何事物都是一分为二的，正如核技术的发展在给人类带来清洁、廉价、高效的核能的同时，也存在核泄漏造成污染的问题，也制造出时刻高悬在人类头顶上的核弹，现代生物技术也是如此。尽管自然生态系统是宽容的，但作物资源非生态型偏差的产生（尤其是胁迫型非生态性偏差）必将对生态系统产生危害（王晓为，2007）。如何构建现代生物技术条件下的作物资源的伦理观念，已成为21世纪初摆在全人类面前的一项迫切课题。

探讨技术异化的主体性根源，有助于人们认识人与技术之间所存在的负向性关系。从技术异化的主体性根源看，技术发明共同体的认识局限性与价值偏向性，技术应用共同体对生态限度、伦理限度和方法域限的突破，技术消费共同体不合理的认知性解读和价值性选择是导致技术异化的重要主体性根源（邹成效，2006）。

有人认为，现代发展观是在西方工业文明基础上形成的发展观。这种发展观在本性上是不可持续的。由于商品经济超越了需要和使用价值，因而虽然它具有较高的经济效率，但却是以挥霍资源和污染环境为代价的。“背离自然”是现代发展观和市场经济的基本特征（李惠男，2005）。

关于转基因作物的开发与生产，人们的认识还只是停留在技术层面上，没有把有益基因看作是一种资本，而只看作是一种带来作物产质量增加的有效手段。每一个有益目的基因的获得和利用都会给开发者（或集团）带来无尽的惊喜。这正如“绿色革命”刚刚兴起时，化学肥料和化学农药使用的惠益所带来的喜悦。只有若干年后“寂静的春天”才会唤醒人们用既得技术换取既得利益的发展梦。“种质运筹”是建立在作物种质资源现代伦理观念基础上的管理学层面的概念。狭义的种质运筹是指通过人为手段（如：传统育种技术、转基因生物技术等）改变目标作物的遗传信息、遗传方式以及内、外在表现，使其在生态允许范围内向满足人类需求最大化的方向发展的种质资源改造行为；广义的种质运筹除包括种质资源改造行为外，还包含与种质资源性状相适应的生理条件调优设计。本研究中的种质运筹主要是狭义层面的种质运筹，提倡以技术认知统领，以理论认知统筹，以环境（或生态）尺度论证。种质运筹经济分析阶段的分析与论证主要是把目的基因看作是一种资本，根据种质效应函数确定合理的经济运筹量，即转化的经济学分析，进而确定理想的目标基因。现代生物技术条件下的种质运筹将提高目的基因转化的有效性和经济性，克服盲目性和主观倾向性，使植物基因工程手段更趋向于科学化、合理化和人性化。

基于对以上的认识，在知识、经济全球化的此刻，我们既不要逃避现代生物技术带来的种种恩泽，也不要盲目乐观。作为当代财富的管理者，我们同样在为后来人管理财富和环境。探索从资源伦理学、资源经济学和生态经济学的角度开展作物种质资源管理，建立现代生物技术条件下的作物种质资源管理体系，这是作物资源生态性存在的内在要求，也是作物资源开发安全性的需要。

2.4.1 我国作物种质资源的衰退

中国是一个人均自然资源不足的农业大国，近几十年来我国的作物种质资源衰退现象异常严重。我国的栽培植物品种每年以15％的速度递减，遗失率之高令人心痛（卫公村等，2004）。作为种质拓宽与改良重要资源的野生种和野生近缘种更是消失殆尽。

人类活动常常与自然环境相对立，即对环境是“有伤”的。起源于20世纪60年代的“绿色革命”改变了传统的农耕文化，代之以单一的作物种植，大面积使用化肥、杀虫剂与除草剂；农作物的单一种植模式导致遗传资源的大量灭绝，而这些本土遗传资源是建立遗传多样性的根基。育种单位和育种人在育种中选用遗传基础相同的一些基因资源，导致栽培品种的遗传基础同一化，许多工业化国家物种资源大量灭绝，逐渐沦为基因赤贫国。例如由于大量推广优良品种，我国目前70%以上的野生稻生长环境已遭破坏（邹彩芬等，2006）。

野生大豆是栽培大豆的原始种，是中国乃至世界种质的宝贵遗传资源。其原生地东北地区和山东原来都有较大的野生大豆群落，后来逐年减少，25年前在沟边、路边、苇塘、河岸还能找到群体分布。2003年8月，科研人员再去考察时，发现野生大豆栖生地已经变成牧场、耕地、水塘、油田、道路，野生大豆已是零星难觅（杨光宇等，2005）。

近20多年来小麦野生近缘植物自然群落急剧消失，分布于我国的小麦近缘野生植物约有152个种或亚种，但2003年科研人员考察发现，至少有64个在原产地无法找到。尽管育种专家已经收集到2 700多份小麦野生近缘植物，但在易位保存过程中，种子本身的生命力弱等原因造成资源丢失。事实上，在采到的2 700多份种质中，已有775份丢失（娄希祉，2005）。

与野生作物种质资源相比，传统的农家作物品种也遭遇了严重的遗失困境。在20世纪60年代开始种质搜集时，我国的许多民间种、农家种已部分遗失。育成品种虽然保护及时，但通过现代生物技术手段进行的系谱分析表明，许多品种存在着系谱狭窄、遗传基础脆弱等现象。

中国是多种农作物的起源中心，有着丰富多彩的农作物种质资源。过去由于缺乏保存条件，种质资源得而复失的现象非常严重（卢新雄等，2003）。当今，生物遗传资源的拥有量被看作是一个国家综合国力的表现，拥有资源、维护资源、利用创新，将成为今后各国种质资源工作的主题；如何构建现代作物种质资源的监测和评价体系，完善并建立现代生物技术条件下的作物遗传资源应用和管理体系，将成为我国作物资源保护工作的首要任务。

2.4.2 我国作物资源的人类生态足迹

为分析我国作物资源的人类生态足迹，课题组广泛查阅材料，选取黑龙江省大豆品种资源，就其遗传多样性进行了系谱追踪。

从黑龙江省的大豆育成品种资源上看，品种资源的存量是较丰富的，但分析其系谱，整体资源表现出严重的遗传狭窄。孙志强对黑龙江省大豆品质资源杂交育成品种的系谱进行了分析，发现黑龙江省 84 个杂交育成的大豆品种来自于 46 个祖先亲本。紫花 4 号、元宝金、荆山朴和克山四粒黄等十个品种对黑龙江省大豆遗传贡献率达 72.96%。张国栋（1985）对黑龙江省大豆的系谱分析表明，新中国成立以来育成的品种，其亲本主要来源于满仓金、荆山朴和紫花四号等几个品种，具有满仓金血缘的占 59.3%。

东北三省以黑龙江省的大豆遗传基础最窄，辽宁省次之，吉林省相对较丰富（王金陵等，1999）。尽管黑龙江省大豆品种经历了几次大的更替，但细胞质基本上以黄宝珠和白眉为主，二者占 66.23%（张国栋，1989）。据系谱分析显示，现今由白眉（A019）衍生的大豆品种有 44 个，见图 2-1。

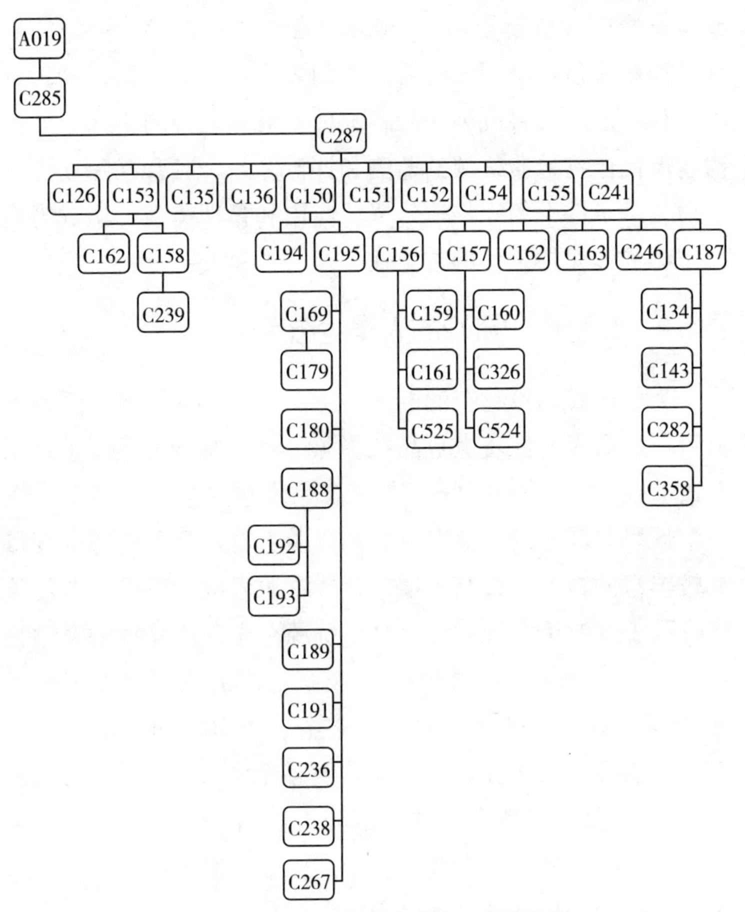

图 2-1 由白眉衍生出的大豆系谱族树

注：A（Ancestor）019：白眉；C（Cultivar）285：紫花 2 号；C287：紫花 4 号；C126：百宝珠；C135：北呼豆；C136：北良 56-2；C150：丰收 1 号；C151：丰收 2 号；C152：丰收 3 号；C153：丰收 4 号；C154：丰收 5 号；C155：丰收 6 号；C241：克北 1 号；C194：黑河 51；C195：黑河 54；C158：丰收 12 号；C162：晋遗 1 号；C156：丰收 10；C157：丰收 11；C162：丰收 20；C163：丰收 21；C187：黑河 3 号；C246：垦农 1 号；C169：合丰 24；C180：合丰 35；C188：黑河 4 号；C189：黑河 5 号；C191：黑河 7 号；C236：九丰 3 号；C238：九丰 5 号；C267：嫩丰 2 号；C239：抗线虫一号；C159：丰收 17；C161：丰收 19；C525：内豆 3 号；C160：丰收 18；C326：丰收选；C524：内豆 2 号；C134：北丰 5 号；C143：东农 37；C282：逊选 1 号；C358：吉林 26；C179：合丰 34；C192：黑河 8 号；C193：黑河 9 号。

（原始资料来源，大豆育成品种系谱分析，1998）

截止到 2008 年，我国东北含有四粒黄血统的大豆育成品种多达 89 个，见图 2-2。

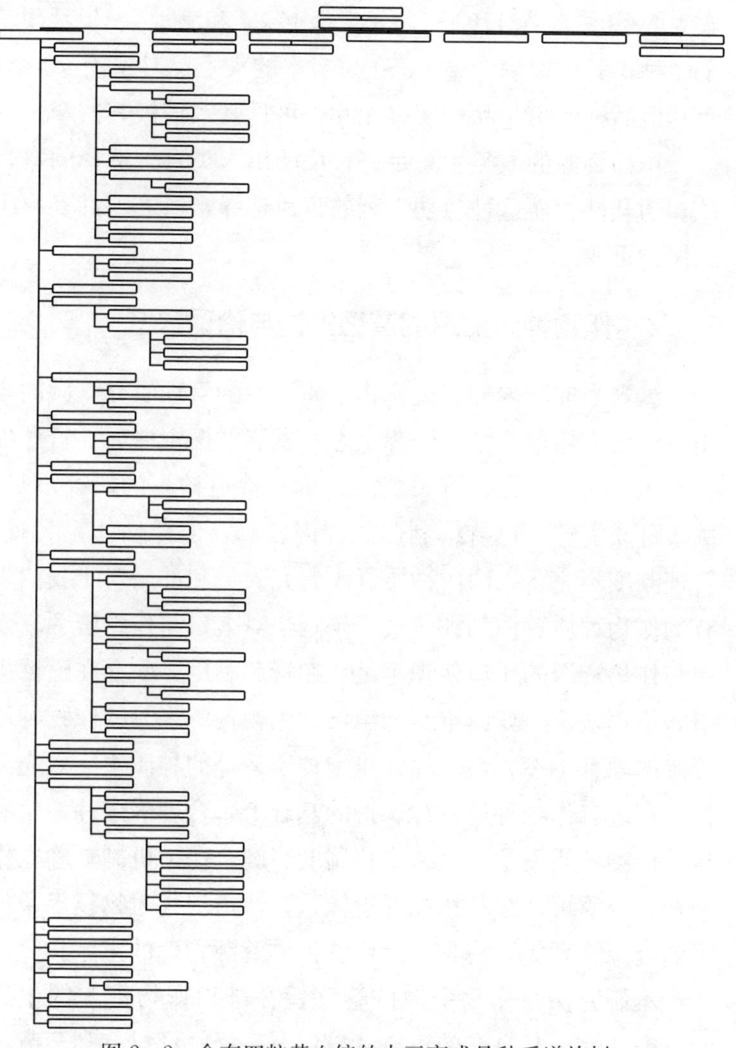

图 2-2　含有四粒黄血统的大豆育成品种系谱族树

（原始资料来源于中国大豆育成品种系谱分析，2008）

图 2-2 中由四粒黄衍生出品种黄宝珠 C333，以黄宝珠又衍生出满仓金 C250、九农 2 号 C372、九弄 9 号 C379、九农 10C380、九弄 11C381、元宝金 C284 和满地金 C504 共 7 个品种，其中以满仓金 C250 为亲本的大豆品种又有 79 个，而其他品种的衍生品种寥寥无几，可见其系谱极其狭窄。

作物资源的人类生态足迹，反映出人类育种选择的盲目性和功利性，而这种急功近利的盲目选择，遗失了许多原生态作物资源。

2.4.3 作物种质资源的道德失语与伦理缺位

纵观当前国内外有关作物种质资源的管理研究，倾向实用性的研究超前，维护资源生态性发展的探索滞后；资源保护利用的研究有余，有关资源评价与价值核算的研究不足；关于种质资源的可持续利用的呼声较高，但评估体系欠缺、管理制度不完备；国内种质资源研究人员和部门对于我国现有的作物种质资源的评价过于乐观，对人口与作物资源、发展与作物资源的矛盾认识不足。在资源利用方面存在道德失语和伦理缺位。如何重新认识作为生物资源之一的作物种质资源的固有生态属性，加强作物种质运筹的种质边际效应分析；在现有作物种质资源保护的基础上，合理确定并评价和核算作物种质资源，完善产权制度、健全保护机制；确立作物种质资源可持续利用的评价体系，严格现代生物技术条件下的资源管理等，将是今后作物种质资源管理的主题。

本研究探讨作物资源的管理旨在维护作物资源的生态性、安全性以及自然的可持续发展，选择并形成有利于节约作物资源和保护作物资源生态性的产业结构；构建现代生物技术条件下的作物资源管理指标体系，建立作物种质资源生态管理目标，提高作物资源的质量评估和核算能力，实施作物资源遗传基础的拓宽与改良，增强作物遗传资源多样性，加强作物资源的代际、生态管理。这些对于作物种质资源的可持续利用、农业产业的可持续发展和自然生态的和谐进步都将产生积极而深远的影响。

2.5 现代生物技术条件下作物种质的运筹

2.5.1 作物种质运筹的概念

作物种质资源的运筹有两个层面，狭义的种质运筹是指通过人为手段（如传统育种技术、转基因生物技术等）改变目标作物的遗传信息、遗传方式以及内、外在表现，使其在生态允许范围内向满足人类需求最大化的方向发展的种质资源改造行为。广义的种质运筹除包括种质资源改造行为外，还包含与种质资源性状相适应的生理条件调优设计。本研究中的种质运筹主要是狭义层面的种质运筹。

2.5.2 作物种质运筹的决策维度

关于种质运筹的决策有三个维度：技术维度、经济维度和环境维度（也叫生态维度）。

技术维度体现以现有生物技术获得目标为衡量尺度的作物种质运筹，具体指现代生物技术认知条件下，优异目标基因的获得和转化。

经济维度指建立在种质效应函数基础上的，以理论上获得最大经济收益的种质资源经济统筹。

环境维度，也叫生态维度，具体指种质运筹的环境允许边界。

以上三个维度彼此联系、互为补充，共同构成了作物种质运筹的决策系统。

2.6 现代生物技术条件下作物资源管理的内涵和目标

现代生物技术条件下的作物资源管理，提倡生物学科、生态学科、资源经济学科和管理学科等多学科融合，探索和发掘作物资源的生态、经济发展的最适途径。

所谓生态、经济发展的最适途径是基于作物资源发生与利用的适宜性、可行性和无害化分析，包括地域、生态、经济和伦理等因素的分析，依照生态伦理追求，构建作物资源不萎缩、环境生态不恶化、经济社会快发展的作物资源管理体系。规划与管理的目标是寻求促进作物资源保护、发生与利用的人类活动和生态评价活动的一致性。McHarg（2003）把这种状态描述为负熵—适应—健康。其对立面则是正熵—不适应—病态。要达到这种状态，需要找到最适的环境评价指标、经济发展指标，使环境容许活动，也使经济活动服从于环境。作物资源管理的内涵就是寻求一个生态、经济最适的作物种质资源利用状态。

2.6.1 作物种质生态伦理的概念

作物种质生态伦理是指作物种质资源对其生存的外部生态环境所产生作用的伦理性约束，是种质资源作为非单一属性自然资源秉承自然法则的内在动力和外在要求。

作物种质生态伦理要求我们利用各种现代分子生物学技术如电击法、基因枪法、花粉管导入法和原生质体摄入法等实现基因的水平转移，培育转基因动物和转基因植物，以及利用细胞遗传学和分子遗传学的规律来系统地创造某些新的生物类型，如单体、多体、单倍体、多倍体、双二倍体及无核类型等，都应该追求利用人工选择的方法来加速自然选择的进程，即实现在自然选择框架基础上的人工进化（沈银柱，2002）。

其次，作物品种的改良需要以进化论为依据，即不仅所选育的类型符合人类生产的需要，也要考虑其生态存在性、生态共和性，如改良后的作物品种应不会对平行种群造成危害，打破原来固有的生态和谐。

2.6.2 作物资源管理的目标

作物资源管理的目标是运用管理学和资源经济学的方法和手段寻求并获得促进作物资源保护、发生与利用的人类活动和生态评价活动相一致的作物资源相关制度体系建设、伦理道德建设和市场元素建设，保障维护人类繁衍的生物资源之一的作物资源的健康发生和永续利用。

2.7 现代生物技术条件下作物资源管理的指标体系

2.7.1 作物资源管理指标设置的原则

作物种质资源的管理系统是一个复杂的系统，单靠一个或几个指标往往难以评价和体现存在的问题与症结，因此需要建立系统性指标体系。“指标体系”是建立在一系列原则基础上的指标集合，是一个有机的统一体。由于学科领域的不同，地域国度的不同，目前对指标体系建立原则的看法差异较大。建立可持续的作物种质资源管理评价指标体系需要遵循四个基本原则，即系统性原则、功能性原则、可操作原则和独立性原则。

（1）系统性原则

指标体系是多指标构成的有机体，因而必须遵循系统性的原则。①整体性。指标体系应是一个整体，能够从多个角度反映出作物种质资源生态系统的主要特征和状况。②动态性。指标体系要反映作物种质资源的动态变化，体现出系统的发展趋势。③层次性。指标体系应根据作物种质生态系统的结构分出层次，并在此基础上将指标分类。这样才会使指标体系结构清晰，便于使用。④相关性。作物种质资源的可持续利用与发展在本质上要求作物生态系统的各个要素能经常处于协调状态。因此，从可持续发展的要求来看，各项指标之间必须建立有机的联系。

（2）功能性原则

根据研究目的，指标的功能大体可归纳为：描述功能、解释功能、评价功能、监测功能、预警功能。①描述功能。描述性指标能够用来反映作物种质资源生态系统的一般及特殊现象。具体指标的选取应该建立在充分认识、研究作物种质资源生态系统的科学规律基础之上，并且能够反映可持续发展的内涵和目标的实现程度。②解释功能。解释性指标用来说明作物种质资源内部现象发生的原因，即回答“为什么会这样”。因此指标的设计过程应建立在对作物种质资源系统内相关分析的基础之上。③评价功能。评价性指标用来说明作物种质生态系统的可持续利用的状况。④监测功能。监测性指标用来揭示作物种质资源保护体制运行中出现的问题。监测性指标应包括两方面含义：一是指标具有可测量性，如客观指标；二是指标具有可估计性，如主观指标。⑤预警功能。作物种质资源可持续利用与发展指标体系必须体现综合预警的能力，能对非持续发展的危险趋势做出预警。指标体系除了体现作物种群数量、质量和环境的状况外，还应该体现它们的显著性趋势及可能存在的潜在威胁。

（3）可操作性原则

包括：①数据的可获得性。指标体系的建立要考虑到指标的量化及数据获取的难易程度和可靠性，尽量选择那些有代表性的综合指标和主要指标。②简明性。从数据来源与数据处理的角度来看，构建的指标体系必须简单、明确。失去了简明性，指标的功能性与可操作性也就无从谈起。

（4）独立性原则

描述作物种质资源生态系统发展状况的指标往往存在指标之间信息的重叠，因此在选择指标时，应尽可能选择具有相对独立性的指标，从而增加评价的准确性和科学性。

2.7.2 作物资源管理指标体系的构建

本研究拟在三个层面建立作物资源管理的指标体系：

（1）资源可持续利用评价指标体系

表 2-1　资源可持续利用评价指标体系

一级指标	二级指标	三级指标
数量指标	可利用资源总量	野生近缘种总量 栽培种总量 野生种总量
	人均资源总量	农业人口的人均资源量 全民的人均资源量
	修饰性种质资源总量	抗植物虫害基因修饰资源 抗菌基因修饰资源 抗病毒基因修饰资源 改善品质基因修饰资源 提高产量基因修饰资源 抗非生物胁迫基因修饰资源
	相对量指标	已评价资源比率 创造性资源比率 需保护资源比率
质量指标	多样性指标	染色体指标 同工酶指标 分子标记指标
	综合农艺性状指标	生育期 株高 结实率 百（千）粒重
	抗性指标	抗病性 抗虫性 抗逆性
	品质指标	粗蛋白 粗脂肪 氨基酸组成 脂肪酸组成

（2）价值核算体系

表 2-2 作物种质资源的价值核算体系

一级指标	二级指标	三级指标
数量向量	实物量	区域种质资源数量
		区域某资源种属数量
	价值量核算	区域种质资源总体价值
		区域资源个体价值
质量向量	效应因子	主效应因子
		副效应因子
	遗传多样性	染色体水平
		形态学水平
		分子水平

（3）种质运筹决策理论体系（详见图 7-1 作物种质运筹的决策层次）

3

我国作物种质资源及其管理现状

3.1 我国作物种质资源现状

3.1.1 我国主要作物遗传资源现状

中国是种子植物起源中心之一，有种子植物约 30 000 种，仅次于巴西和哥伦比亚（洪德元，1990）。我国辽阔的幅员，复杂的地势，多样性的气候和悠久的农业生产历史，先进的耕作制度，产生了异常丰富的作物遗传资源。据中国农科院品种资源所提供的数据，至 2003 年底，国家统一编目并在国家库（圃）统一保存的作物种质资源总数达 370 059 份（见表 3-1），包括 1 650 个种植物学种的 180 种资源，其中栽培品种 35 万份。

我国国家种质资源库保存 33 万多份，包括 35 科 192 属 740 个种（含亚种）；国家种质资源圃（含试管苗库）保存 4.5 万份，包括 1 193 个种（亚种）（含野生稻和牧草已入国家库的 283 个种）。按作物种类划分，粮食作物 23.4 万份，经济作物 8.6 万份，果树作物 1.1 万份，蔬菜作物 3.5 万份，牧草和其他 0.4 万份。在栽培品种中，农家（地方）品种约占 85%，但大宗作物的地方品种所占比例较小宗作物的少。例如，小麦地方品种为 1.4 万份，稻约 4.7 万份，大

表 3-1 我国主要作物遗传资源数量（方嘉禾，2002）

类别	作物名称	资源份数	其中外引	其中野生	类别	作物名称	资源份数	其中外引	其中野生
粮食作物	小麦	42 811	15 902	2 700	蔬菜	芥蓝	85		
	水稻	71 966	9 387	8 732		菠菜	321	1	
	大麦	19 601	6 369	3 351		芹菜	331		
	燕麦	3 202	1 023	5		苋菜	438		
	玉米	16 901	1 989			蕹菜	70		
	高粱	16 874	4 142	8		叶用莴苣	180		
	谷子	26 808	474			茎用莴苣	504		
	其他粟	723	178			茴香	35		
	荞麦	2 804	65	100		芫荽	99		
	黍稷	7 960	172			叶甜菜	183		
	绿豆	4 720	106			落葵	17		
	蚕豆	4 200	1 547			茼蒿	133		
	小豆	3 993	35			荠菜	8		
	豌豆	3 837	542			冬寒菜	42		
	利马豆	72	13			其他叶菜	39		
	四棱豆	24	10			黄瓜	1 447	5	
	小扁豆	833	419			西葫芦	391		

（续）

类别	作物名称	资源份数	其中		类别	作物名称	资源份数	其中	
			外引	野生				外引	野生
粮食作物	鹰嘴豆	477	437		蔬菜	南瓜	1 076		
	饭豆	1 432	5			笋瓜	361		
	籽粒苋	1 459	126			冬瓜	299		
	地肤	260				节瓜	68		
	薏苡	284				苦瓜	186		
	黎	19				丝瓜	468		
	甘薯	1 496	232			瓠瓜	246		
	马铃薯	1 001	697			蛇瓜	8		
经济作物	大豆	31 206	1 946	6 172		菜瓜	108		
	油菜	5 851	784	263		越瓜	18		
	芝麻	4 388	178	6		黑子南瓜	3		
	花生	6 015	1 935	103		西瓜	1 099	427	
	向日葵	2 694	387			甜瓜	1 209	440	
	红花	2 443	1 408			其他瓜类	6	2	
	苏子	529				番茄	1 942	20	
	蓖麻	2 073	7			茄子	1 495		
	甜菜	1 304	509			辣椒	1 932	1	

（续）

类别	作物名称	资源份数	其中 外引	其中 野生	类别	作物名称	资源份数	其中 外引	其中 野生
经济作物	甘蔗	1 930	409	758	蔬菜	酸浆	32		
	茶	2 400	10			韭菜	271		
	桑	1 923	24			大葱	233		
	橡胶	6 900	5 857			分葱	36		
	木薯	102	47			洋葱	69		
	咖啡	20	19			韭葱	16		
	胡椒	3	1			南欧葱	4		
	椰子	6	4			紫苏	10		
	棉花	6 756	2 350			豆薯	24		
	亚麻	2 876	1 748			莲藕	448		
	苎麻	1 416	9			香椿	3		
	红麻	572	354			豆瓣菜	7		
	黄麻	631	152			黄秋葵	25		
	大麻	232				黄花菜	2		
	青麻	106				石刁柏	7		
	龙舌兰麻	4				枸杞	23		
	烟草	3 637	547			莼菜	5		
	牧草	3 295	1 594			蒲菜	45		
	绿肥	976	349			罗勒	36		

（续）

类别	作物名称	资源份数	其中		类别	作物名称	资源份数	其中	
			外引	野生				外引	野生
蔬菜	普通菜豆	1 029	183		蔬菜	水芹	99		
	豇豆	2 818	70			菱	136		
	多花菜豆	325	11			慈菇	76		
	木豆	17	13			芋	218		
	刀豆	36				荸荠	70		
	黎豆	46				茭白	140		
	扁豆	430	1			芡	5		
	菜豆	3 266				其他蔬菜	19		
	长豇豆	1 659			果树	苹果	521	252	
	其他豆	60				梨	1 260	109	
	萝卜	2 029				山楂	240		
	胡萝卜	408				葡萄	1 851	508	
	芜菁	94				桃	1 345	261	
	芜菁甘蓝	21				草莓	410	144	
	结球甘蓝	221				李子	450	46	

（续）

类别	作物名称	资源份数	其中		类别	作物名称	资源份数	其中	
			外引	野生				外引	野生
	球茎甘蓝	100				杏	550	16	
	花椰菜	125	1			核桃	80	1	
	嫩茎花椰菜	4				栗	120	1	
	金花菜	8				醋栗	32	6	
	根甜菜	13				柿	790	9	
	牛蒡	10				枣	465		
蔬	大白菜	1 633			果	柑橘	705	153	
	白菜	1 328				香蕉	162	26	
菜	薹菜	30			树	荔枝	130		
	菜薹	212				龙眼	220	1	
	叶芥菜	980	1			枇杷	220	15	
	茎芥菜	183				腰果	7	7	
	根芥菜	267				芒果	20	13	
	薹芥菜	6				油梨	20	18	
	子芥菜	8				其他砧木	2 144		

豆为 2.1 万份，分别占 54%、77%和 75%；而食用豆类、燕麦、荞麦、芝麻、油菜（白菜型和芥菜型）、大白菜、小白菜、萝卜、黄瓜、茶、桑和多种果树的遗传资源则以地方品种为多。这些作物遗传资源具有丰富的多样性，主要表现在作物种类繁多，类型多样，野生近缘植物丰富。

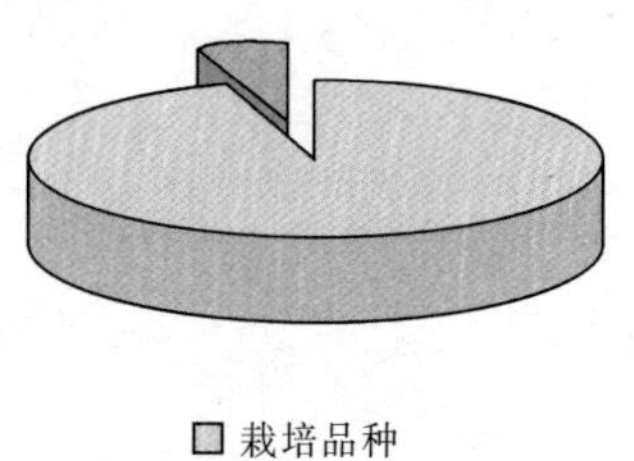

图 3－1　我国作物种质资源中栽培品种的比重

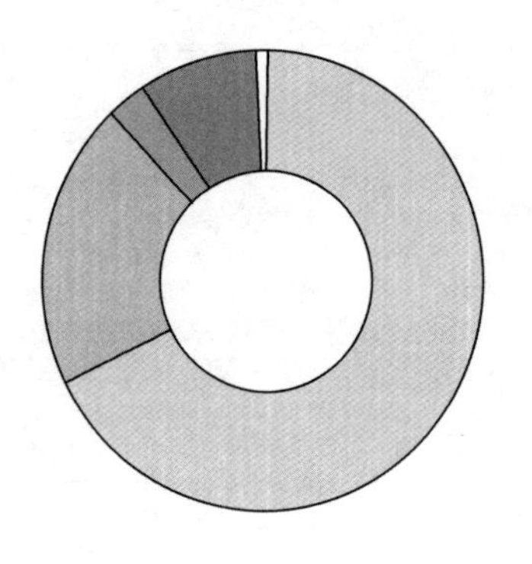

图 3－2　我国种质资源编目中各种作物的比率

国家种质库是全国作物种质资源长期保存与研究中心。国家种质库的总建筑面积为 3 200 平方米，由试验区、种子入库前处理操作区、保存区三部分组成。保存区建有两个长期贮藏冷库，总面积为300平方米，其容量可保存种质40余万份。种质贮藏条件为：温度－18℃±1℃，相对湿度＜50%。国家种质库保存对象是农作物及其近缘野生植物种质资源，这些资源是以种子作为种质的载体，其种子可耐低温和耐干燥脱水。国家种质库在接纳到种子后，需对种子进行清选、生活力检测、干燥脱水等入库保存前处理，然后密封包装存入－18℃冷库。入库保存种子的初始发芽率一般要求高于90%，种子含水量干燥脱水至5%～7%，大豆8%。根据估算，在上述贮藏条件下，一般作物种子寿命可保存50年以上。资源种类不仅丰富，而且这些种质的80%是从国内收集的，不少属于我国特有的，其中国内地方品种资源占60%，稀有、珍稀和野生近缘植物约占10%。这些资源是在不同生态条件下经过上千年的自然演变形成的，蕴藏着各种潜在可利用基因，是国家的宝贵财富，是人类繁衍生存的基础。

国家作物种质资源长期库（北京）和复份库（西宁），至2003年底保存各类作物种质资源具体情况见表3-2。

表3-2 国家作物种质资源长期库保存的主要作物种质资源（中国农业科学院，2003）

	作 物	保存份数	科数	属数	种数	亚种数
禾谷类	水稻	67 841	1	1	20	2
	小麦	38 200	1	1	14	2
	小麦近缘植物	1 686	1	10	120	
	大麦	18 105	1	1	1	4
	高粱	16 852	1	1	1	1

（续）

	作　物	保存份数	科数	属数	种数	亚种数
禾谷类	玉米	16 901	1	1	1	
	燕麦	3 202	1	1	3	
	粟类（含谷子）	26 808	1	5	9	
	黍稷	7 960	1	1	1	
	荞麦	2 419	1	1	3	
豆类	大豆	30 719	1	1	4	
	食用豆	24 822	1	11	16	11
麻类	红麻	572	1	1	1	
	黄麻	616	1	1	2	
	亚麻	2 876	1	1	1	1
	大麻	205	1	1	1	
	青麻	73	1	1	1	
油料	油菜	5 851	1	5	13	
	芝麻	4 388	1	1	1	
	蓖麻	1 810	1	1	1	
	花生	6 015	1	1	14	2
	红花	2 350	1	1	2	
	苏子	466	1	1	1	
	向日葵	2 495	2	2	2	
其他	烟草	3 208	1	1	22	
	棉花	6 756	1	1	19	
	甜菜	1 242	1	1	1	
	西瓜	870	1	1	1	1
	甜瓜	811	1	1	1	2
	绿肥	657	4	25	71	

（续）

作　物		保存份数	科数	属数	种数	亚种数
其他	牧草	3 295	16	98	287	
	蔬菜	29 819	20	67	115	2
	稗子	633	1	1	5	
	籽粒苋	1 459	1	1	5	
合　计		331 982	72	249	760	28

"国家农作物种质保存中心"保存设施的建设项目，由农业部于1999年3月批准建设，并于2002年竣工投入使用，该中心的保存设施是原国家种质库1号库原址上，拆除原旧库后重新建设的。总建筑面积3 500多平方米，由种质保存区，储前处理加工区和研究试验区三部分组成。保存区共分成12间冷库，其中5间长期贮藏冷库，6间中期贮藏冷库和1间临时存放冷库。长期贮藏冷库，贮藏温度常年控制在－18℃±2℃，相对湿度（RH）控制在50％以下，主要用于长期保存从全国各地收集来的作物品种资源，包括农家种、野生种和淘汰的育成品种等。

中期库贮藏条件是－4℃±2℃，相对湿度＜50％，其种子贮藏寿命在10～20年左右。保存在中期库的资源可随时提供给科研、教学及育种单位研究利用及其国际交换。1间临时存放冷库（＋4℃）供送交来的种子在入中长期贮藏冷库之前先临时存放。"国家农作物种质保存中心"保存设施投入使用后，不仅使得国家种质库保存总容量达到近百万份，并基本满足30年内我国发展的需要，同时也将使国家种质库种质资源能为我国作物育种和生产发挥更大的作用。

此外，中国农科院有关作物专业所已建有水稻、粮作、蔬菜、棉花、油料、麻类、牧草、烟草、甜菜、西瓜、甜瓜等10个作物种质资源中期库（表3-3）。

我国作物的种类非常多，当今全国栽培的主要作物种类有600多种，其中粮食作物30多种，经济作物约70种，果树作物约140种，蔬菜作物110多种，牧草约50种，花卉130余种，绿肥约20种，药用植物50余种①。

3.1.1.1 我国水稻遗传资源现状

我国水稻一般分为两大类即粳稻和籼稻。每类中按需水量不同分为水稻和陆稻；因对光照长短反应不同分为早、中、晚季稻；根据米质差异分为粘稻和糯稻。近年我国稻种资源专家对全国30个省（自治区、直辖市）的38 001份地方品种进行了分类，划分为籼、粳两个亚种，亚种下分为50个变种和962个变型。

我国的稻种资源有7万余份，包括地方稻种、陆稻、引进稻种和野生稻，米质有香米、糯米、软米、药米、酒米、蒸谷米和多种有色米，一些野生稻的蛋白质达15%，米质外观好，赖氨酸含量也高。

我国稻种资源中有许多品种具有珍贵性状，如云贵高原和东北地区的品种小秀谷、麻谷、花糯、一早籼、合江3号和合江13等，耐寒性很强；珠江三角洲的白粳等耐热性很好；广东高田的金山粘13号很耐涝，分蘖期经淹没一周，水退后仍能回青生长；有些品种耐盐性很强，如珠江三角洲的咸汶，粤西的咸潮、茅禾，渤海区的二白芒等；广东品种

---

① 本章有关我国作物资源的遗传现状的资料主要来源于中国农科院作物品种与资源研究所（现为作物所）。感谢刘旭院士、曹永生研究员、卢新雄研究员、方嘉禾研究员为本研究提供资料。

表 3-3 国家种质中期库分布情况（刘旭，2003）

序号	中期库名称	地点	作物	保存份数	负责单位
1	国家农作物种质保存中心	北京	大田作物及其他小作物	20 万	中国农科院品种资源研究所
2	国家水稻中期库	浙江杭州	稻类	3.5 万	中国水稻研究所
3	国家棉花中期库	河南安阳	棉花	10 000	中国农科院棉花所
4	国家麻类作物中期库	湖南长沙	麻类作物	5 500	中国农科院麻类所
5	国家油料作物中期库	湖北武汉	油料作物	2.65 万	中国农科院油料所
6	国家蔬菜中期库	北京	蔬菜	29 189	中国农科院蔬菜花卉所
7	国家甜菜中期库	黑龙江哈尔滨	甜菜	1 400	中国农科院甜菜所
8	国家烟草中期库	山东青州	烟草	5 000	中国农科院烟草所
9	国家牧草中期库	内蒙古呼和浩特	牧草	3 000	中国农科院草原所
10	国家西甜瓜中期库	河南郑州	西瓜、甜瓜	1 500	中国农科院郑州果树所

红脚三稗耐酸性很好；深水稻能生长在深水中，茎随水涨而伸长；千粒重50克以上的品种有湖北的三颗寸；云南的三旁斗七十罗、公居73和班利1号等，每穗粒数超过300粒，高者可达500粒。另外有不少品种品质极好，如米质适口的软米，一家煮饭百家香的香禾，米色润泽味道鲜美的丝苗，用为补品的鸡血糯等；抗稻瘟病品种有红脚占、砦糖、赤块矮选、中系7604、早籼龙13、温选10号、早紫糯、毫补卡，等等。另外，还有大批抗白叶枯病、纹枯病、病毒病的品种。特别应该提及的是我国发现的野败不育系和光感不育系，使中国的三系杂交稻和两系杂交稻取得了突破性进展，大幅度提高了水稻产量，走在世界的前列。

3.1.1.2　我国玉米遗传资源现状

我国的玉米遗传资源约1.6万份，按类型（或亚种）分类，主要是硬粒型和马齿型，据统计硬粒型品种占60%，马齿型品种占12.7%。其次是我国特有的糯质型。另外是甜质型、爆裂型和粉质型及有稃型。按种族分类，我国的玉米有5个种族即北方马齿种族、硬粒和马齿种族间杂交的衍生种族、北方八行硬粒种族、宽扁穗玉米和南方糯玉米。由于生育期长短不同，我国的玉米又有早、中、晚三种类型。其中早熟玉米植株较矮，一般有14～17片叶，子粒较小；中熟玉米植株形状介于早、晚熟类型；晚熟玉米植株高大，有21～25片叶，子粒大，产量高。我国玉米遗传资源中特异资源和稀有资源很多，高营养品质的如甜玉米，高赖氨酸玉米，高油玉米，高蛋白玉米和糯玉米等。多穗品种每株长4～5个茎秆，每茎秆结穗2～3个，如山东省菏泽地区的紫多穗、山西省的太穗枝1号等。多粒行品种如晋单3号、鸭子嘴、双头白等，它们的果穗粒行数达 18～30 行。矮秆玉米品种的株高在 180 厘米以下，穗位高度 60 厘米，如云南的下达姆、湖北的野鸡啄等。粒行极少的品种是云南的四路糯，它的果穗仅有 4 行子粒，这是世界独有的。

3.1.1.3 我国大豆遗传资源现状

我国是大豆的故乡，栽培历史悠久，因此类型十分丰富。我国大豆专家根据大豆农艺学和形态学，将中国栽培大豆品种初步划分为 7 个型，480 个群。根据播种期可分为北方春大豆，黄淮夏大豆，黄淮春大豆，长江夏大豆，长江春大豆，南方春大豆，秋大豆和冬大豆。按生育期生态类型分为极早熟、早熟、中早熟、中熟、中迟熟、迟熟和极迟熟。以种皮色和子叶色可分为黄豆型（黄种皮，黄子叶），青豆型（种皮绿色，子叶又有黄色和绿色之别），黑豆型（种皮黑色，子叶又分黄色和青色），褐豆型（种皮褐色，子叶多数为黄色，极少数为青色），双色豆型（种皮底色有黄、绿和褐色，其上的斑纹有黑色和褐色）。中国大豆的种脐色也很多，有黄、淡褐、褐、深褐、蓝、黑等色。植株形态有直立型、半直立型、蔓生型和半蔓生型。结荚习性分为有限型、无限型和亚有限型。子粒的形状也较多，如圆、椭圆、扁圆、扁椭圆、长椭圆、肾状、卵圆、长圆、长扁圆形等。从大豆的用途可分为油用、蛋白、饲用、蔬菜用和药用类型。

1923 年在南京金陵大学和吉林公主岭农事试验场分别育出了中国最早的大豆育成品种金大 332 和黄宝珠，从此开始了中国大豆科学育种的纪元。但新中国成立前大豆育种的规模和进展都是相对薄弱的，有记录的育成品种仅 17 个。

新中国成立后大豆育种有了很大发展，至1980年全国共育成大豆新品种246个。大豆育种发展最快的时期是从“六五”至“八五”的15年，全国共育成388个大豆新品种。1950年以前的大豆育种方法主要是自然变异选择育种，这以后杂交育种逐步发展，尽管80年代以来辐射诱变育种很有成效，但迄今大豆育种的最主要方法还是杂交育种（或重组育种）。

在现代育种技术应用之前，在自然及人工选择作用下，大豆经历了缓慢的改良过程，逐渐形成了丰富的适应于各种自然条件、轮作复种制度和利用要求的地方品种，这是今天大豆育种的物质基础。

在过去的70多年中，中国大豆育成品种逐步地更替地方品种，但迄今地方品种仍然在一些地区种植，尤其在中国南方丘陵山区种植。据估计，未来15年内，现代大豆育成品种将彻底取代地方品种。

中国大豆种质资源的搜集始于20世纪50年代中期。当时曾在全国范围内征集到15 000份大豆材料，从中整理、鉴定出1万份地方品种。经多年田间观察、鉴定，系统调查特征特性，筛选出一批优良地方品种，有的作为杂交亲本用于大豆育种，有的直接在生产上推广利用。这一时期的大豆资源工作为大豆育种打下了良好的基础。但十年动乱造成部分材料损失。为此，70年代末和80年代初，全国范围内进行了补充征集。1986年起，大豆种质资源研究列入“七五”国家科技攻关计划。在中国农业科学院品种资源研究所的主持下，全国约40个单位参加了大豆种质资源的搜集、鉴定、保持与编目工作。到“八五”结束全国共搜集、保存栽培大豆种质1.7万份，一年生野生种质0.7万份，其他还有一批国外引种的多年生野生材料等。今天，中国已成为世界上保持大豆种质资源数量最多的国家。全国约40个单位分别保持当地省区的大豆种质资源。绝大部分种质已经送入国家种质库长期保存，一部分材料保存在国家种质工作库内用于国内外交流。南京农业大学大豆研究所和吉林农科院大豆研究所均保持有大量的大豆种质资源。中国育成的近700个大豆品种，以及一批定型的中间材料是大豆育种的重要资源。

我国现已对23 000余份大豆品种资源进行了形态性状、种子性状、营养品质、抗病虫性和抗逆性的表现型评价，从中初步筛选出一批优异的资源，收集的大豆品种资源经过评价后，已经直接或间接地利用于大豆育种。在50年代，一些优良的农家种如山东的“腰角黄”和“爬蔓青”，河南的“牛毛黄”，湖北的“矮脚早”和“猴子毛”，江苏的泰兴黑豆等在生产上利用了很长一段时间，迄今为止，南方省份的农民还在利用其中的一些品种。到80年代，湖北地方品种“矮脚早”在湖北、湖南、江苏和浙江等其他省的累积种植面积达到了20万公顷。而“猴子毛”和“泰兴黑豆”仍然是长江流域春播和夏播大豆品种产量区域试验的对照品种。通过农家种的“纯系”选择，培育出一大批优良品种，如黑龙江省的“紫花4号”，山东的“齐黄1号”，江苏的“58-161”，湖南的“湘豆3号”。用这些品种作亲本又培育出一批新品种，其中有129个品种源自于“紫花4号”，58个品种源自于“齐黄1号”，61个品种源自于“58-161”。进入70年代，优良的育种品系如“郑77249”、“铁7621”、“克4430-20”等已成为大豆育种主要亲本来源。现代育成品种与老品种相比，在高产潜力、抗性、品质等性状方面都有很大提高，如黑龙江省培育的“合丰25”累积种植面积100万公顷，其他优良品种包括吉林的“吉林20”、辽宁的“辽豆10”、河北的“冀豆7号”、湖北的“中豆19”和山东的“鲁豆4号”等，其种植面积都在20万公顷以上。

3.1.1.4 我国小麦遗传资源现状

在我国，小麦是仅次于水稻和玉米的第三大作物，年产量居世界首位。中国虽不是小麦的起源中心，但已有3 000多年的栽培史，加之生态环境多样，又有精耕细作传统，且小麦分布很广，因而其遗传变异十分丰富，从而被认为是普通小麦的变异中心之一（董玉琛、曹永生、张学勇，2003）。

中国的小麦遗传资源共4.5万份，包括有24个种，其中云南小麦、新疆小麦和西藏半野生小麦是我国特有的。中国的普通小麦类型非常多，共有127个变种，居世界第三位。中国的普通小麦具有4个特点：

第一早熟性，北方冬麦区多数品种比欧洲的早熟5～10天，比美国的早熟5天左右。

第二多粒性，特别是圆颖多花和拟密穗类型，每小穗结实5粒左右，每穗结实70粒左右，多者可达百粒以上。

第三高度适应性，一些冬麦品种在冬季无雪覆盖条件下，能耐－20℃的低温；有些品种遇降水量很少的年份，仍能保持令人满意的产量。有的品种具有耐湿性、耐盐碱性、耐酸性。还有耐风吹不易落粒的品种，闭颖授粉的气死雾类型。另外，有一大批抗病品种，如抗白粉病的地方品种小白冬麦、山疙瘩、白蚰蜒条和红芒等，它们的抗谱较广，并且与已知抗白粉病基因不同；抗赤霉病的地方品种有溧阳望水白、温州红和尚，育成品种有苏麦3号、荆州1号、望麦15等；抗锈病的地方品种如莱阳秋、瞎八斗、黑头麦等；对黄矮病具有抗性的品种有白玉麦、长农601，等等。

第四高亲和性，具有高亲和性的品种易与黑麦、山羊草、大麦等近缘属植物杂交成功，这种高亲性是受kr基因所控制。世界公认中国的小麦地方品种中具有高亲和性的品种多，它们主要分布在四川、陕西、甘肃、河南等地区，这些品种是将小麦近缘植物的有益基因导入小麦的宝贵遗传材料。另外，中国小麦遗传资源还有一些稀有类型，如太谷核不育小麦，它的不育性是受显性单基因（Tal）控制；小麦单体系统有京红1号、阿勃、中7902、扬麦1号、北京10号等单体系统；三粒小麦是一种独特类型，它的每朵小花中着生三粒并蒂的种子；世界上罕见的无芒波兰小麦品种若羌古麦；株高80厘米的（比一般的矮40厘米以上）圆锥小麦品种矮蓝麦。

3.1.1.5 我国棉花遗传资源现状

目前中国拥有棉花遗传资源6 300份，分属亚洲棉、海岛棉、陆地棉和非洲棉（草棉）。这些棉花遗传资源按生态特性可分为3种生态型即热带气候生态型、亚热带气候生态型和温带气候生态型。按棉絮颜色分有白、紫、青、棕、绿、黄等色。种子也有黑、白、青色之别。根据农艺学、形态学和生物学特点，亚洲棉可分为3个生态型和40个形态型，非洲棉分为2个形态型，海岛棉分为4个形态型，陆地棉有20多个类型：①早熟类，生育期120天以下；②中早熟类，生育期121～130天；③中熟类，生育期131～145

天；④晚熟类，生育期146天以上；⑤大铃类，铃重6.5克以上；⑥长绒类，纤维长34.5毫米以上；⑦高衣分类，衣分为42%以上；⑧短果枝类；⑨高强度纤维类，纤维强度为4.5克以上；⑩抗枯萎病类；⑪抗黄萎病类；⑫抗苗期根病类；⑬抗棉铃虫类；⑭低棉酚类；⑮无蜜腺类；⑯低棉酚无蜜腺类；⑰抗风暴类；⑱抗寒类；⑲多毛类；⑳适于机械收花类等。

3.1.2 我国野生近缘植物资源现状

中国的作物不仅种类和类型多，而且具有丰富的野生种和野生近缘植物，据中国农科院的统计数字，我国现已收集和保存的野生作物种质资源约2万份，其中属粮食作物的1万多份，油料作物的0.64万份，果树、桑树和茶树的0.2万份，麻类、甘蔗和牧草等的0.15万份左右。其中粮食作物有野生稻3种（普通、药用、疣粒）及假稻，西藏半野生小麦和小麦近缘野生植物山羊草、鹅观草、披碱草、赖草、冰草等11种，野生大麦有二棱和六棱的（内蒙古大麦是栽培大麦的祖先），玉米野生近缘植物薏苡，粟野生近缘植物狗尾草，野生荞麦有多年生甜荞和苦荞、一年生甜荞和苦荞，野黍是黍的近缘植物，还有野豇豆，野小豆，野绿豆，野生苋（刺苋、凹头苋、反枝苋等），半野生状态的杖藜和红蓼等。油料作物有野生大豆（紫花、白花），野油菜，野油茶，野苏子等。纤维作物有野苎麻8种，如白叶种苎麻、绿叶种苎麻、悬铃叶苎麻，野黄麻有长果种、圆果种和假黄麻，野生大麻，野生亚麻有宿根亚麻、垂果亚麻、野生亚麻等。甘蔗野生近缘植物有割手密、斑茅、河八王和金猫尾等。茶树共有37个种，其中仅有1/3的物种驯化出栽培品种。桑树有15个种，多数是野生桑，其中白桑和鲁桑分布最广，栽培的较多。蔬菜作物的野生种有韭菜的8个野生种，如卵叶韭、太白韭、粗根韭、青甘韭、蒙古韭；野生葱有阿尔泰葱、野葱和葱；大蒜的野生近缘植物种是野生天蒜、小山蒜、新疆蒜、星花蒜、多籽蒜；薤白多为野生分布；还有野草石蚕、卷丹百合、野萱草、野脚板薯、野芋、野香椿、毛竹笋、野胡萝卜；野生水生蔬菜种有野水芹、野菱、野荸荠、野慈姑等。调料作物有野花椒、野胡椒（山胡椒）、野八角、野薄荷、鱼香菜。中国的野生果树资源更为丰富，苹果属野生种有山荆子、楸子、新疆野海棠、湖北海棠、河南海棠、新疆野苹果、野林檎；梨的野生种有杜梨、褐梨、豆梨、秋子梨；山楂野生种已上册保存12个种，多数处于未开发利用状态；野生桃有山桃、甘肃桃和光核桃；枣的野生种有10种，葡萄野生种20多个，柿树有50多个野生种，猕猴桃有57个种全部为野生，新疆和西藏都有野生核桃林；另外，杏、樱桃、板栗、榛、柑橘、荔枝、枇杷、龙眼都有野生种。还有野生香料、淀粉、花卉、药用植物和牧草数百种。由于中国具有悠久的农业历史，因此在作物野生种中有一批古老的资源材料，如树龄达3 000年的银杏树，1 000年的酸枣树、核桃树和茶树，1 200年的荔枝树，1 100年的光核桃，1 600年的桑树，200～300年的石榴、葡萄、梨、柿子、柑橘、梅树，等等。古老的花木有树龄1 700年的汉桂，500年的古腊梅树和杜鹃花树。

中国还具有很多有重要价值的野生植物资源，如可食用的野菜至少有400～500种，油脂植物300多种，淀粉和糖料植物200种以上，香料植物约200种。另外，先后发现不少含有抗癌物质、新抗生素、激素等的植物种。

3.1.3 我国野生作物种质资源的濒危状况

有学者估计，近期中国自然物种正以每天一个物种的速度走向濒危甚至灭绝，而农作物栽培品种正以每年15%速度递减，对中国农业产生的负效应难以估量。由于草地严重退化、沙化及盐碱化，一些优良牧草种群日渐濒危甚至灭绝（娄希祉，2005）。中国是柑橘的起源中心，据调查发现原有的柑橘资源优势正在消失。中国新疆的李、杏、石榴、苹果等树种及其野生资源极其丰富，若不加以很好保护，估计用不上10年，大部分将难再找到。湖北的巴东、秭归一带丰富的砂梨资源将随着三峡大坝的截留被淹没。中国西部特有的桑树如川桑、滇桑，如不及时抢救保护，面临灭绝的危险。

野生稻对中国稻种改良做出了重大贡献，是重要的种质资源。中国的普通野生稻、药用野生稻和疣粒野生稻的栖息地和种群数量，分别减少了约70%、50%和30%。如云南景洪、元江两县野生稻1978年比1968年记载的原生地面积减少了92.3%。至1998年景洪的野生稻原生地已基本灭绝（庞汉华，2000）。广西贵港市麻柳塘原有28.33公顷的普通野生稻，因原生境破坏，1996年已全部消失（陈诚斌，1997）。云南思茅、普洱、澜沧、景洪、勐腊、绿春、潞西、盈江、龙陵等县的疣粒野生稻自然居群，现存面积不到原来的5%（高立志，1996）。广东肇庆、高要、郁南、英德和海南崖县、陵水、白沙、乐东等县的药用野生稻不到原有的

5%（庞汉华，1996）。广东佛岗县浮梁水塘原有普通野生稻500公顷居群，现只剩下30多丛（庞汉华，1998）。江西东乡普通野生稻原有9个居群，仅剩人工保护的2个居群（陈大洲，1999）。湖南茶陵1982年有连片的3.3公顷普通野生稻，到1995年已灭绝（高立志，1996）。

野生大豆是世界宝贵资源。原黄河入海口附近有近667公顷野生大豆，因开发油田现只是零星可见。李福山曾对东北20世纪80年代初考察过的野生大豆分布点2002年重新考察发现，由于放牧、开垦、建渔溏，原有大的野生大豆种群已很难找到。如德都县药泉山、克山县河北乡、集贤县沙岗乡、凌源县的大小凌河两岸，原有较大的野生大豆群落，现已很难觅；辽宁彰武县一个水库边曾发现珍贵的白花类型野生大豆，由于开垦稻田已不见它的踪迹，估计中国的野生大豆资源已损失50%以上（李福山，2002）。

小麦野生近缘植物是小麦、大麦品种改良优异基因的供体，是防沙、固沙重要植物和优异牧草，由于干旱、过度放牧和草原荒漠化，一些重要的物种处于濒危状态，有的已经消失。《中国植物志》记载的分布于中国的小麦近缘植物有152个种、亚种，目前至少已有64个在原生地无法找到（李立会，2002）。尽管育种专家已经收集到2 700多份小麦野生近缘植物种质资源，但在易位保存过程中及种子本身的生命力弱等原因，也造成资源丢失。事实上，在采到的2 700多份种质中，已有775份丢失。20世纪80年代，在新疆伊犁河谷曾发现粗山羊草（小麦D染色体基因组供体）3公顷，然而，2002年8月再次考察时，很难找到粗山羊草的踪迹（李立会，2002）。

3.1.4 我国与其他国家作物种质资源的比较与分析

3.1.4.1 我国与其他国家作物种质资源的比较

我国政府对作物种质遗传资源工作非常重视，早在20世纪50—60年代就组织对全国各种作物遗传资源的征集，并且在此基础上进行整理和鉴定，同时对较好的农家品种进行评选，择优大面积推广，这是具有重要历史意义的工作，为我国作物遗传资源保护和利用打下了坚实的基础。从“六五”开始，作物遗传资源研究一直被列为国家和相关部门重点科技项目，并给予较大的经费支持，使我国作物遗传资源保护和研究取得突飞猛进的发展，在世界上产生了很大影响。然而，与国际科技先进国家相比，我国在作物遗传资源保护和利用上还存在一定差距。本研究选取了部分有代表性的国家，并将我国保存的种质资源与之相比较。

当前，我国作物种质资源保存量位居世界第二，其中国家库保存量居世界第一，保存物种数位居世界第三（见表3-4）。

表3-4 世界主要国家作物种质资源保存情况（FAO 2000）

国家	国家保存资源总量（万份）	国家库保存资源数（万份）	保存物种数	每万人作物种质资源占有量
美国	55	26.8（另圃保存10万份）	库保存396属1 848种（圃保存78属）	201.37
中国	37	33.2（另圃保存4.5万份）	库保存192属740种（圃保存1 193种）	28.56
印度	34.4	14.41		33.50

（续）

国家	国家保存资源总量（万份）	国家库保存资源数（万份）	保存物种数	每万人作物种质资源占有量
俄罗斯	33.3	17.77	2 260 多种	228.87
法国	24.9			413.69
加拿大	21.2			693.49
日本	20	14.61		157.75
德国	20	10.3		243.64
巴西	19.4	6		118.36
韩国	12	11.56		256.14

中国本土作物种质资源占有量居世界前列，相对从国外引进资源较少。中国已收集保存的 37 万多份种质资源中仅 7 万份是从国外引进的，占 18.92%；美国种质资源的 90%，俄罗斯 60%，日本 85%是从国外考察收集引进的。举世公认中国保存的作物种质资源中本土资源十分丰富。

美国从 1897—1970 年的 73 年间，共派出国外考察 150 队次，从 1970 年至今仍非常重视从国外引进种质资源，从而使美国由一个种质资源贫乏的国家成为世界种质资源大国。俄罗斯历史上从瓦维洛夫开始就非常重视从世界各地收集作物种质资源。日本自 20 世纪 50 年代以来一直重视对世界种质资源的收集。印度近年从国内和国外组织多次种质资源考察收集，并建立了大型的现代化资源库，其拥有资源总数迅速增加。中国虽然也很重视国外引种，但派出国外进行资源考察甚少，相比之下，引进国外种质资源较少。

中国作物野生资源原生境保护比较薄弱。野生近缘植物是作物品种改良重要的基因来源，中国虽然已收集保存近2万份的作物野生种和野生近缘植物，但还有相当部分未能收集到手，有的已处于濒危状态，或者已经灭绝，亟须抢救和保护。野生种往往对其独特的生态环境具有很强的依赖性，主要靠自然保护区、保护地、天然公园进行原位保护。日本有天然公园和自然保护区700余个，占国土面积的20%。美国的自然保护区约占国土面积的10%。中国在保护区和植物园内仅保存较少一部分作物野生资源，还有相当部分亟待在原生境单独建立农作物野生资源保护区、保护地（点）或保护株，这类工作2003年前中国尚未开展（刘旭，2003）。

中国作物种质资源保护管理体系尚不健全。美国建有国家植物种质体系（NPGS），由美国农业部农业研究局（VS-DAARS）负责系统运作协调。国家植物种质体系包括4个地区引种站，1个马铃薯引种站，10个特定作物种质收集、鉴定和中期保存站，1个国家种质库，9个无性繁殖作物种质圃，1个国家种质资源实验室，1个国家植物种质检疫中心。各机构分工明确，经费由联邦政府统一拨付。

印度于1976年成立国家植物种质资源局（NBPGR），其下有30个单位组成印度植物种质资源体系。中国虽然已形成农业部—中国农业科学院作物品种资源研究所—国家作物种质资源长期库（复份库）—种质资源中期库（10个）、种质圃（32个）的种质资源保护体系，但并不完善，表现在尚未设立国家植物遗传资源委员会，缺少集中的统一的强有力的资源保护管理机构，原生境保护地尚待建立，地区引种繁种实验站尚未建立，作物种质资源保护政策法规和制度还不完善。中国对作物种质资源保护投入的力度远不及美国和日本，比不上印度（见表3－5，图3－3、图3－4）。

表3－5　中国及美国、日本、印度的作物种质资源保护投入

国家	作物种质资源总量（万份）	每年用于作物种质资源的总经费（万美元）	国家种质库每年投入经费（万美元）	国家种质库每份种质耗费（美元）
美国	55	2 650	250	9.3
日本	20	350	207.8	14.2
印度	34.4	255	110	5.5
中国	37	100	20	0.6

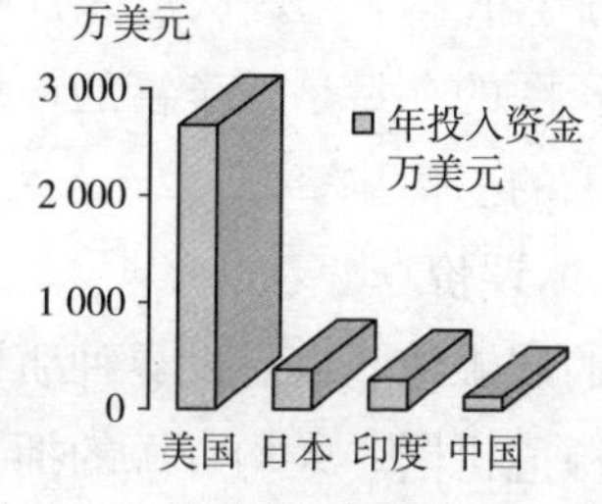

图3－3　种质资源保护年投入资金

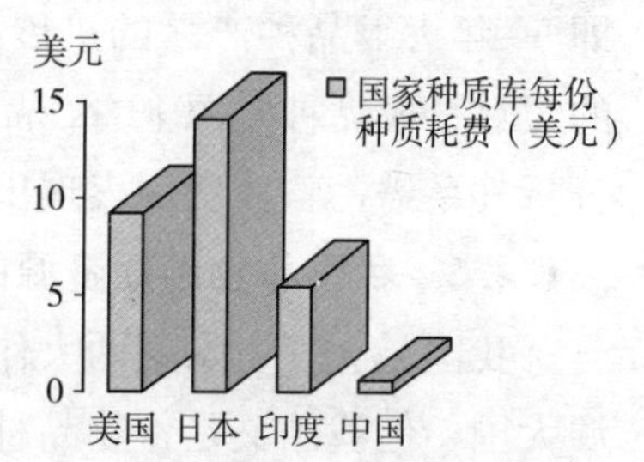

图3－4　每份种质的年耗费资金

从以上图和表中可以看出，中国作物种质资源每年国家投入经费不到美国的4%，只有日本的30%，也比不上印度。因此，加大对种质资源保护的资金投入是促进中国作物种质资源保护工作顺利发展的基础。

品种演替过程中农艺性状的变化趋势既反映人类对于作物资源的干预程度，又反映人们在一定育种目标下育种技术实现的客观效果，在一定程度上也预示着育种选择中人的主观方向。系谱分析则可反映作物品种的遗传结构。本研究以黑龙江省主要作物大豆为研究对象，对其主要农艺性状的演化趋势和主要育成品种的系谱进行了分析。研究表明，50多年来黑龙江省大豆品种生育日数呈下降趋势，而品种生育日数类型呈现多样化。大豆品种结荚习性向亚有限演化。品种株高在70年代出现了最高值，从80年代开始下降，随后出现平稳升高的趋势，而品种变异系数总体呈下降的趋势。品种蛋白质和脂肪含量均呈略有上升的趋势，蛋白质含量变异系数变化不是很明显，脂肪含量变异系数变化相对较大。从各年代区试单产平均值的趋势看出，产量呈现明显增长趋势，并且接近直线上升。按直线回归计算，$y=-61.96+11.24x$，$r=0.867$（y为产量，x为10年，$r_{0.05}=0.8114$）。即50年大豆品种产量的进展是每年1.3千克。从黑龙江省的大豆育成品种资源上看，品种资源的存量是较丰富的，但分析其系谱，整体资源表现出严重的遗传狭窄。

3.1.4.2　我国作物种质资源的总体评价

我国是大豆、水稻两大作物的起源地，也是世界种质资源大国，但我国又是作物品种资源危机国。人均资源的拥有量较少，我国每万人的作物种质资源占有量为28.56，不足美国的14.18%，只占加拿大的4.3%，作物种质资源的存量与人口数呈不规则的负相长关系，尤其在我国这样的发展中国家，作物种质资源的存量与人类活动的矛盾尤其明显，即使为满足当代人的基本生活，庞大的人口基数，仅为生存需求也会使人类的经济和社会活动对作物野生种和近缘植物的生境造成破坏。如清理土地建房、修建水库蓄水、过度放牧、滥伐森林等，导致野生作物种质资源储量迅速下降，如果疏于管理或保护不当将很快成为种质资源的匮乏国。

由于我国人口基数大，为满足日益增长的人口的生活需求，迫切需要培育高产量、集约化的作物品种，长时期内作物种质运筹中人的主观倾向性选择占主角，人的过分干预将超越作物种质生态伦理的约束，若管理不当会产生种质资源退化；另外品种更替频率的进一步加大，会造成作物种质资源的遗失加重，这些都会引发我国作物种质资源危机。

我国相对丰富的作物种质资源为世界所瞩目，但若一味地引入外来品种而忽略本地资源的评价与挖掘，将破坏本土资源的丰富内涵。因此，要正确认识和评价我国现有作物种质资源，当务之急是增加紧迫感，促进监测管理体系的完善，加快保护投资体系的构建。

3.2 我国作物种质资源的管理与利用现状

3.2.1 我国作物种质资源的收集与保护

3.2.1.1 历史上地方品种的全面收集和补充征集

20世纪50年代中期，我国农业合作化高潮到来之际，为了避免地方品种（农家品种）因推广优良品种而丢失，农业部曾于1956年和1957年两次下令收集各地农作物的地方品种。据1958年1月在北京召开的“全国大田作物品种会议”统计，全国共收集到43种大田作物国内品种20万份（含重复），国外品种1.2万份。会议落实了这批材料分工保存的方案，规定了整理（编号、登记、种植观察、记载性状、淘汰重复）的技术细节。会后，由中国农科院和各省、自治区、直辖市农科院有关研究所分工保存了收集的材料并加以整理。另据1963年统计，全国已搜集到的蔬菜地方品种已达17 393份。不失时机地保护这批珍贵遗产，为人类的生存和发展立下了一大功劳。

1978年以后，中国农科院恢复了原建制，成立了作物品种资源研究所。该所成立后，为了抢救丢失的作物种质资源，进行了一次全国范围的作物种质资源征集活动。因为这次征集是50年代征集的补充，故称补充征集。1979年6月国家科委和农业部联合发出“关于开展作物品种资源补充征集的通知”。经过5年努力，全国共收集到60多种作物种质资源11万份。这次收集的特点是，收集到一批过去漏征的品种，找回一批得而复失的品种，抢救了一批濒于灭绝的品种，挖掘出一批稀有珍贵的品种。通过这次补充征集，各省、自治区、直辖市基本摸清了本地作物种质资源的概况。

3.2.1.2 重点作物野生种质资源考察

据记载起源于我国的重要作物种质资源多达308种（卜慕华，1981），史前的为237种。大豆起源我国，野生大豆是栽培大豆品种改良的重要基因来源。野生大豆在我国分布广，类型多。我国于1978年开始，对野生大豆进行了全面考察收集。至1983年，先后考察了全国各省（台湾省除外）1 020多个县（市、区），采集野生大豆种子5 000余份，植株标本4 000多份。查清了我国野生大豆的地理分布和生境。其分布区，北起黑龙江塔河，南至广西荔浦、广东英德、江西全南、福建永安一线；东起沿海岛屿，西至西藏察隅。其垂直分布，从近海平面到海拔2 650米（云南宁蒗拉罗湾）。野生大豆一般生长在苇塘、河滩、湖边、沟渠旁，潮湿的向阳山坡，具有喜光、喜湿，对土壤适应性广泛的特性。收集材料中，不仅有从野生到栽培的各种过渡类型，而且还有白花、长花序、细叶、直筒荚和种子无泥膜等新类型。除此之外，还有一些高蛋白（比栽培大豆高出10%）、抗病虫、多节、多荚、多分枝等具优良特性的材料。这些材料对研究大豆的起源、进化、分类，以及遗传育种等有重要价值。

我国是水稻的起源地之一，生长有三种野生稻：普通野生稻、药用野生稻、疣粒野生稻。1978年开始，对我国野生稻进行了全面考察收集。经5年，对海南、粤、桂、滇、闽、赣、湘7个省（自治区）400多个县（市）的考察，在140个县（市）发现了野生稻。此次考察基本查清了其地理分布和生境，共收集三种野生稻种子和种茎3 800多份。普通野生稻是栽培稻的祖先，分布最广，南起海南省崖县，北至江西省东乡县，西自云南省盈江县，东达台湾省桃园县。普通野生稻多生于温暖多雨地区的水塘边，由于分布在如此广阔的地理范围内，故其遗传多样性极为丰富。药用野生稻仅发现于两广、海南、云南4省（区），喜生于气候更为温暖、湿润，群山环抱的山谷小溪旁，栖息地四周常有灌、乔木笼罩，地面杂草丛生。疣粒野生稻仅在云南、海南两省发现，它为旱生种，常生长在山坡的灌、乔木下。野生稻是水稻品种改良极其宝贵的资源。在收集到的这批野生稻中已经发现了一些抗病虫、耐寒、耐旱、高产（杂种优势）基因。这些野生种定将给水稻生产带来新的产量飞跃。

我国是小麦的次生起源地之一，也是小麦野生近缘植物（小麦族植物）的世界重要分布区之一。1986—1990年集中考察了我国北方及西南各省、自治区、直辖市，收集小麦野生近缘植物10个属100余个种1 000余份材料。察明了各个属种的主要分布区、生境和染色体数。山羊草属在我国只有一个种，即普通小麦祖先之一的粗山羊草，它只分布于新疆西部的伊犁河谷，在陕西、河南的一些县，曾作为麦田杂草而存在。黑麦作为冬小麦的田间杂草广泛存在于新疆天山北坡，在华北、西南部分高寒山区曾有少量栽培。

鹅观草属植物遍布全国各省，分布在海拔 0～3 300 米的广大范围内，在长江流域，有的纤毛鹅观草和鹅观草抗赤霉病。冰草属分布在以内蒙古为主的北方各省沙土地上，抗寒、抗旱力极强。披碱草属和赖草属有的种在我国北方分布较广，有的种只生于新疆，赖草属有些种对盐碱、石灰、沙性土壤适应性好。新麦草和旱麦草的各个种除华山新麦草生于陕西华山外，其余都分布在新疆，抗旱性好。大麦属的野生种在我国北方各省零星分布在低湿、盐碱地上。从收集品中已鉴定出一批抗小麦黄矮病和白粉病的材料。

此外，中国农科院有关专业所还进行了全国猕猴桃考察，重点地区野生饲用植物考察，川、鄂、晋、黔等省桑树种质资源考察，琼、黔、桂等省棉花种质资源考察，14 个省苎麻种质资源考察。这些考察均收集了一批种质资源，大体查清了有关作物野生种的种类和分布，为其保护和利用奠定了基础。

3.2.2 我国作物种质资源的管理体系

我国是世界作物起源中心之一，作物种质资源相对丰富，一些特异的种质资源（如兰花、月季、野大豆、野稻）已经引起了世界各国的重视。当前在种质资源管理方面，我国已建立起信息化、智能化、运行有序的种质资源管理系统。

中国国家农作物种质资源保护工作由农业部负责，其中国家种质库和圃的资源保护工作由农业部种植业管理司管理；原生境野生资源的保护由农业部科教司管理。中国农业科学院作物品种资源研究所承担国家作物种质资源长期保存和科研任务，并承担对各中期库、资源圃和原生境保护点的技术指导，承担种质信息交流和管理任务。各省、自治区、直辖市农业行政主管部门负责地方作物种质资源的保护与管理，作物种质资源保护体系（见图 3-5）。

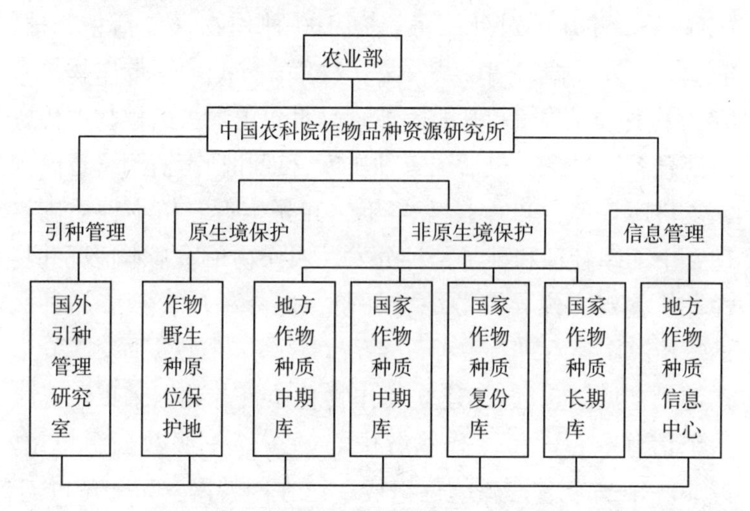

图 3-5 中国国家农作物种质资源保护体系示意图（刘旭，2003）

广泛收集（有目的引进）、妥善保存、深入研究、积极创新、充分利用是我国作物品种资源工作的方针。我国在1986 年和 1992 年建成了国家长期库和青海复份长期库，把31.8 万份种质（隶属 30 科、174 属、600 个种）抢救收集存入国家种质库，贮存数量居世界各国种质库的首位。建立起32个种质圃（含2座试管苗库）来保存凡需要以种茎、块根和植株繁殖保持种性的作物种质资源。入圃保存的作物种类50多种（类），种质317万份，分属1 026个种（含亚种）。此外，还在中国农业科学院的专业所建立了7座特定作物中期库，在全国各地农业科学院建立了15座地方中期库。国家库（圃）贮存的资源种类丰富，不少属于我国特有，其中国内地方种质资源占国内收集资源的60%；稀有、珍贵和野生近缘种质占10%。

我国于1988年建成中国作物种质资源信息系统（CGRIS）并开始对外服务，有180种作物（包括粮、棉、油、菜、果、糖、烟、茶、桑、牧草、绿肥、热带作物等），37万份种质信息2 000兆字节，是世界上最大的植物遗传资源信息系统之一，包括国家种质库管理和动态监测、青海国家复份库管理、32个国家多年生和野生近缘植物种质圃管理、中期库管理和种子繁种分发、农作物种质基本情况和特性评价鉴定、优异资源综合评价、国外种质交换、品种区试、指纹图谱管理等9个子系统，700多个数据库，120万条记录（见图3-6）。建立了作物种质资源数据采集网，由一个信息中心，20个作物分中心，50个一级数据源单位，近400个二级数据源单位组成。已在因特网（Internet）上向用户提供无偿共享信息（网址：http://icgr.caas.net.cn/），总共向国内用户提供了2 400万个数据项值的种质信息，产生了明显的社会经济效益。图3-6是笔者根据有关材料绘制的我国作物种质资源材料操作程序（原始资料来源于中国农科院品种资源所）。

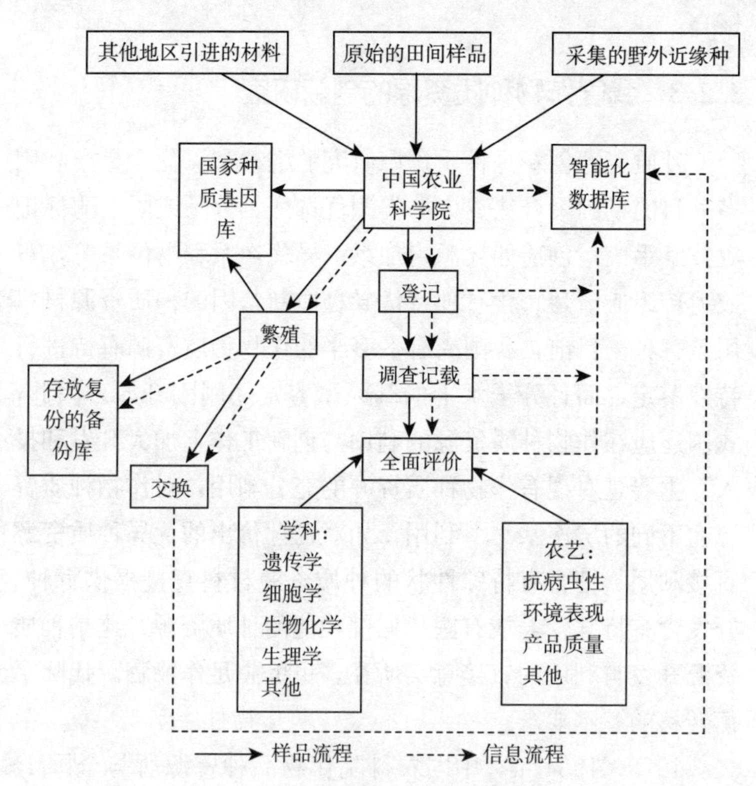

图 3－6　我国作物种质资源材料操作程序

下一阶段我国作物种质资源的管理要在已有的基础上进行更高范围内的广泛收集，收集漏征品种、争取找回丢失品种、抢救濒危品种、挖掘稀有珍贵品种。要侧重收集原始资源、野生资源和不被人们重视的资源。扩大贮藏能力和领域，认真编目、记载、编排库位图，完善库房管理，建立健全入出库管理的规章制度。对作物种质资源进行进一步的整理、认知和评价，这是一项艰苦细致、耗资费时的工作，同时也是有效利用种质资源的基础，是作物种质资源研究的核心。

3.2.3 我国作物种质资源的创新研究

种质资源创新是种质资源研究的继续和深化，是指利用多种目的基因聚合法、大群类型优选法、分子或同工酶标记等技术手段，创造如异源附加系、异代换系和易位系等，育成遗传组成清楚、含有独特优异种质新基因的种质资源材料用于育种。目前，我国尚有一多半的作物种质资源有待进行特性鉴定，而且分子水平的基因型鉴定还刚刚开始。因此，我国还应在作物种质资源的利用与创新工作上加大开发和投入。主要是对现有作物种质资源的充分利用，对作物种质资源在不同的层次水平上利用，如对已评价出的优异种质资源直接利用，把含有特殊性状的种质资源材料直接提供育种，开发含有特殊营养或有医疗保健功能的种质资源，这是种质资源开发与利用的直接意义所在，也是满足作物资源代际平衡转移的基本要求。

1978—1984 年，中国农科院作物品种资源所与全国 15 个单位协作，完成了 3 510 份国外引进稻种资源抗三病二虫（稻瘟、白叶枯、黄矮，稻纵卷叶螟、褐飞虱）鉴定，获得 37 个项目约 13 万个数据。1979—1985 年，该所与有关单位协作对 2.2 万份水稻品种进行了抗寒性鉴定，对 1.5 万余份水稻品种进行了抗盐和抗旱鉴定，筛选出一批抗性好的品种。还通过中国农科院综合分析室等多单位对 2 000 余份水稻品种进行了籽粒蛋白质、直链淀粉、粗脂肪的含量、糊化温度、胶稠度、糙米率、蒸煮品质等测定，选出一批优质品种。通过中国农科院植保所等单位对小麦三种锈病、白粉病、黄矮病和赤霉病各鉴定1万份以上。通过中国农科院综合分析室等单位对1万余份小麦品种进行了蛋白质和氨基酸含量分析。还对部分小麦品种进行了抗旱、抗寒、耐湿、耐盐、抗蚜等鉴定。通过全国玉米协作组对7 000余份以自交系为主的玉米种质资源进行了玉米抗大、小斑病鉴定。该所和吉林省农科院植保所协作进行了谷子抗谷瘟、白发病鉴定。对高粱进行了抗丝黑穗病鉴定，抗冷鉴定和品质分析。对2 000份食用豆进行了品质分析和部分绿豆抗叶斑病、豇豆抗病毒病鉴定。对大豆进行了蛋白质和脂肪含量测定，对部分种质进行了抗病鉴定。

“七五”期间，通过国家科技攻关项目完成了20万余份入库种质的农艺性状鉴定和部分种质的品质、抗性鉴定。对主要粮、棉油等21种（类）作物农艺性状鉴定23万余份，编写出21种（类）作物种质资源目录31册共14.5万余份，对13.7万余份入库种质进行了品质鉴定（共105个项目），获得6.8万多项次的鉴定数据；对14.8万余份进行了抗病虫性鉴定（88种病虫），获得51.2万余份次的鉴定数据；对10.1万余份进行了抗逆性鉴定（9个项目），获得了17.6万余份次的鉴定数据。通过鉴定，获得单项或几项性状优异的种质2万余份。

中国农科院品种资源所还成功地利用分子标记技术检测小麦远缘杂交中外源染色体，如用基因组原位杂交技术与RFLP技术相结合，成功地鉴定小麦—新麦草、小麦—多枝赖草、小麦—冰草、小麦—旱麦草、小麦—山羊草等10多个种属远缘杂交后代；利用RFLP、AFLP、RAPD标记技术研究了粗山羊草遗传多样性及其抗白粉病基因向小麦的转移；利用 RAPD 标记技术进行了旱麦草属材料遗传多样性研究；用 7 种同工酶作遗传标记分析了普通小麦—顶芒山羊草异源附加系的同源性；利用醇溶蛋白 APAGE 技术、SSR 技术、AFLP 银染技术等对 113 份小麦核心种质进行了指纹图谱的研究；运用同工酶技术和 RAPD 技术进行了甘薯试管苗遗传稳定性的研究。利用常规杂交技术和现代生物技术相结合，已创造出一批优良的小麦中间种质提供育种和生产利用。

“九五”期间，分子标记技术鉴定作物种质资源研究已列入国家科技攻关专题，目前，已分别确定了水稻、小麦、玉米、大豆、棉花五大作物各两种绘制指纹图谱的方法，编制了指纹图谱数据库软件，并用其建立了我国第一个小麦醇溶蛋白指纹图谱数据库。在重要性状基因分子标记上，已完成 15 个主要性状基因分离群体的构建；标记了 3 个小麦抗白粉病基因，发现了 4 个新的抗白粉病基因并已开始用于抗白粉病分子标记辅助育种。初步鉴定了小麦近缘植物中抗条锈基因和玉米抗青枯病基因，初步找到了玉米抗青枯病、大豆抗花叶病毒、棉花抗黄萎病基因的分子标记。

20 世纪 80 年代，Brown 提出了核心种质的概念，即用一定的方法选择整个收集材料中的一部分，以最少的资源份数和最小遗传重复最大程度地代表整个遗传资源的多样性，实现对大量资源的有效管理、深入研究和有效利用（郝晨阳等，2005）。利用现代生物技术进行作物种质资源的基因型鉴定，已是开发利用现有大量的库存种质和野生种质优异基因的关键，是拓宽现有品种遗传基础的重要途径。现代研究证明，在一些表型性状很差的野生种和农家种中存在着待开发的优良性状基因，只有采用分子标记技术，才能对大批量的种质资源进行鉴定，从而开发利用其中尚未开发的新的优异基因。因此，在已有的表型鉴定的基础上，开展基因型鉴定是今后作物种质资源鉴定技术发展的方向。根据我国作物种质资源研究的已有基础，运用现代生物技术的先进手段，加强作物种质资源优异遗传基因的开发和利用。重点加强以下几个方面的研究工作：野生近缘植物中关键性基因源的利用研究；主要农作物优异基因源的鉴定评价研究；优异种质的改良和创新研究；作物种质资源多样性保护研究；作物核心种质的建立和利用研究等。同时，切实加强对现有作物种质资源的保护和管理，发挥现有保存种质应有的作用。

3.2.4 对我国作物种质资源管理的几项建议

我国相对丰富的作物种质资源为世界所瞩目，但若一味地引入外来品种而忽略本地资源的评价与挖掘，将破坏本土资源的丰富内涵。因此，要正确认识和评价我国现有作物种质资源，当务之急是增加紧迫感，促进监测管理体系的完善，树立作物种质资源的伦理观念，加快保护投资体系和运筹管理体系的构建。

我国的作物种质资源工作，应从以下几方面着手，加强保护和利用的环境和制度建设。

3.2.4.1 继续加大作物遗传资源保护的工作力度

（1）随着我国人口的进一步增长和经济的高速发展，生态环境将进一步恶化，加上资源保护意识差，管理工作落后，一些重要的作物遗传资源，尤其是珍稀和野生资源正在迅速减少或处于濒危状态，若不加以抢救和保护，必然会给我国今后农业经济发展带来无法弥补的损失。

（2）据估计，我国还有15%～20%的作物遗传资源亟待收集，特别是西部，由于交通不便和技术力量薄弱，还有相当一部分作物遗传资源未能收集，随着西部大开发建设，以及旅游业的发展，一些以西部生态条件为原生地的遗传资源必将急剧减少，为此，抢救和收集西部地区作物遗传资源尤为紧迫。

（3）作物遗传资源就地（原生境）保存尚未引起政府有关部门的高度重视。国家对我国特有的和珍稀野生资源的濒危状况家底不清，难以提出科学可行的原生境保护方案。

（4）国家在遗传资源保护上缺少有力的领导和管理机构，缺少总体布局和规划，政策尚待配套，体系有待进一步健全。

3.2.4.2 进一步加强作物遗传资源的研究和开发利用

（1）当前，我国对已收集的作物遗传资源缺少深入研究，鉴定评价基本停留在表型上，未能深入研究性状表现与控制性状的基因，从而限制了遗传多样性的广泛应用。

（2）作物种质改良创新环节薄弱，收集保存的作物遗传资源虽然丰富，但育种者可利用的种质，特别是在育种上有突出价值的种质并不多，不能适应作物育种和生产发展的需求。

（3）对野生和优异种质开发利用较差。野生资源所具有的优异性状是品种改良的重要基因来源，中国有大量的野生、半野生和近缘植物有待收集保护和开发利用。

（4）对作物遗传资源的发现者和创造者缺少知识产权保护，缺少奖励政策，如何协调遗传资源拥有者和创造者与育种者之间的利益关系，调动遗传资源拥有者提供遗传资源利用的积极性，是提高我国作物遗传资源利用效率的重要环节。

3.2.4.3　亟待树立作物资源的生态伦理观念

人类需要价值毫无节制的膨胀是环境危机的主要根源。自然生态系统是复杂和多样的，其丰富的内涵常常超出我们现有的理解能力，因而，在现代生物技术条件下，在种质资源开发和保护活动中，人类追求自我目标的实现时，必须保持清醒的认识。作物资源是生态系统重要的环境生物要素，应尊重作物资源的固有生态性，模仿自然过程的方式而采取行动。各科研院所，尤其是高校应设立作物资源伦理课程，树立作物资源的生态伦理思想，追求干预有度、运筹有节。加强与现代生物技术认知同步的管理认知，农业主管部门和各级开发机构应建立健全现代生物技术条件下的种质运筹风险评估体系，使有益目的基因的转化有例可循，有章可律，同时树立基因资源利用的节约观念，有所为、有所不为。

4

作物资源伦理观念现状的调查与伦理观念的决定性因素分析

从专业特点划分，我国从事与作物资源相关职业的人群有200万之众；就从业人员角度划分，我国从事作物生产的人员超过6亿，而作物资源的福利享受人群覆盖全国。我们每天的衣食住行，都离不开作物资源的关佑。就在我们这样一个人口大国，人均作物资源存量极其不足的发展中国家，人们的作物资源伦理观念的现状怎样？存在哪些问题？哪些因素是形成作物资源伦理观念的决定性因素？作物资源伦理观念课题组选择在黑龙江省的4所高校：东北农业大学、黑龙江大学、黑龙江八一农垦大学、东北林业大学，以将来可能从事作物遗传育种、作物种质资源改良、生物技术、作物种质资源检验检疫和作物品种流通、作物资源管理等工作的在校本科生、研究生——高知人员群体，作为调查对象，进行作物资源的伦理观念现状调查，调查结果令人担忧，被调查群体作物资源伦理观念综合评价64.7分。课题组人员的共同感受：作物资源伦理观念现状调查问卷犹如碑拓，刻印出黑土地绿野上的殇歌。

4.1 伦理观念现状调查模式的建立

观念是人们在实践当中形成的各种认识的集合体。人们会根据自身形成的观念进行各种活动，即利用观念系统对事物进行决策、计划、实践、总结等活动，从而不断丰富生活和提高生产实践水平。观念具有主观性、实践性、历史性、发展性等特点，形成正确的观念有利于做正确的决策，做合理的事情。对于作物种质资源，正确的观念，利于提高生活水平和生产质量，利于完美生态、和谐自然。

观念的形成源于认知，认知是由经验引起心理变化的发生行为，它强调机体对当前情境的理解。人和动物具有不同程度的理解力，就是人类本身的不同个体，在认知水平上也有一定的差异。根据认知学的观念发生原理，根据观念形成的塔式认知的螺旋发生学理论（图 4－1），建立作物资源伦理观念现状调查的基本模式。

认知决定观念，观念反映动机，动机决定行为、支撑观念。行为和动机又反映观念。

作物资源伦理观是当代资源伦理观念的重要组成部分，具有生态伦理观的一些重要特征，同样包含善与恶、正义与非正义、公平与非公平等问题，同样关注权利、义务与责任的关系。作物资源伦理观念与大众伦理观有着种种密切联系，并深受其影响。作物资源从业人员及准从业人员的伦理观同时也是其科学意识、科技素质的重要组成部分，选择高校在读本科生及研究生作为调查样本，通过调查问卷的取样方式并辅以潜意识寻踪方法调查作物资源准从业者的伦理观

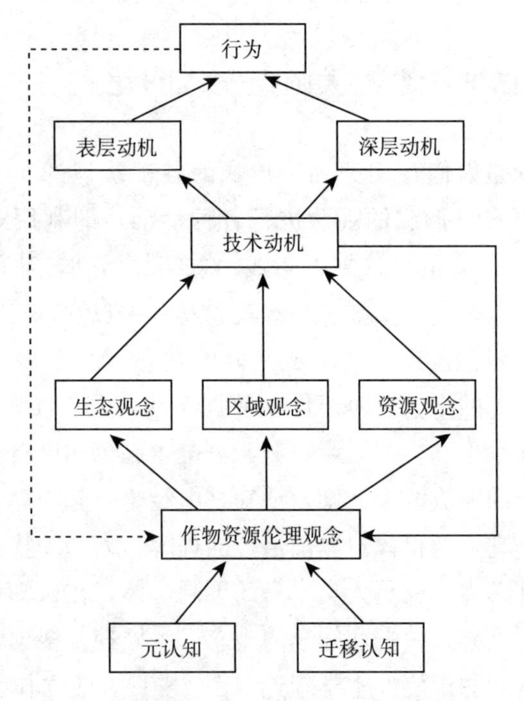

图 4-1　伦理观念的塔式认知和螺旋发生学模型

念，探求观念产生的决定性因素。

作物资源伦理观念首先应归属于道德观念范畴。最初的道德是指维系人们之间各种关系的内在法度。正确的道德观是人们自觉协调各种关系的意识准备，它是人们走向美好生活的自我心理约束机制，同时反映道德意识水平的高低，有利于个体自身素质的培养，一般不具有很强的强制性约束力，因而带有很大的主观适应色彩。

为探究作物资源伦理观念的决定性因素，课题组在广泛征求专家意见的基础上，以作物资源伦理观念作为因变量，以元认知（metcognition）、迁移认知和技术动机的相关项作为自变量，寻找影响形成作物资源伦理观念的决定性因素。课题组首先从资源观念、区域观念、生态观念三个维度测定被调查样本的作物资源伦理观念；同时通过潜意识寻踪方法，测试元认知、迁移认知和技术动机对被调查者作物资源伦理观念形成的影响。

元认知，就是对认知的认知，具体地说，是关于个人自己认知过程的知识和调节这些过程的能力，包括元认知意识和元认知控制。

元认知控制是对认知行为的管理和控制，是主体在进行认知活动的全过程中，将自己正在进行的认知活动为意识对象，不断地对其进行积极、自觉的监视、控制和调节。

一切有意义的观念的形成必然包括迁移，迁移是以认知结构为中介进行的。布鲁纳和戴维·奥苏伯尔（Ausubel）曾把迁移放在观念获得者的整个认知结构的背景下进行研究，他们在认知结构的基础上提出了关于迁移的理论和见解。布鲁纳认为，观念的形成是类别及其编码系统的形成。迁移就是把既得的编码系统用于新的事例。正迁移就是把适当的编码系统应用于新的事例；负迁移则是把既得的编码系统错误地用于新事例。

动机是指由特定需要引起的，欲满足各种需要的特殊心理状态和意愿。而技术动机是技术发明人和技术操作者由特定需要发起，欲满足各种需求而起用技术手段的心理状态情境和意愿。

元认知、迁移认知和技术动机与作物资源伦理观念的建立和形成密切相关，为探讨相关要素与伦理观念的相关关系，课题组将作物资源伦理观念的决定因素分解为元认知、迁移认知和技术动机。详见表 4-1：

表 4-1　作物资源伦理观念的决定因素分解

变量维度	变量源	变　量
自变量	元认知	元认知意识 元认知控制 元认知引发
	迁移认知	农业文化认知 生物技术认知 作物生产发展认知
	技术动机	表层动机 深层动机
因变量	作物资源伦理观念	作物区域观念 作物资源观念 作物生态观念

4.2　伦理观念现状调查的实施

本研究选择在黑龙江的四所高校：东北农业大学、黑龙江大学、黑龙江八一农垦大学、东北林业大学的生命科学研究领域的在读本科生、研究生作为调查对象。供选择调查样本如下：

东北农业大学：

农学院：农学专业 09（一班、二班）；

园艺学院：园林艺术 09；

生命学院：植物学（理科基地）09 一班；

研究生学院：09 研究生 4 班（果树学、蔬菜学、园林植物与观赏园艺）；8 班（作物遗传育种、作物栽培学与耕作学、生态学)；5班（遗传学、植物学、生物化学与分子生物学)。

黑龙江大学：

生命学院：生物化学与分子生物学09（一班、二班)；

农业资源与环境学院：种子科学与工程09（一班、二班)。

黑龙江八一农垦大学：

植物科学技术学院：09生物技术（一班、二班)；09育种（一班、二班)。

东北林业大学：

林学院：林学专业09（一班、二班)；

生命学院：植物学09一班；

研究生学院：09研究生3班（果树学、园林植物与观赏园艺)；5班（林木遗传育种、生态学)；7班（遗传学、植物学、生物化学与分子生物学)。

四所高校共21个班712人参加问卷调查，共发出调查问卷712份，回收有效问卷708份。

为应对调查中遇到的问题，为确保数据的质量，课题组事先做了大量的工作。最重要的有以下几点：

第一，花时间修改测量工具，每套问卷都事先编号以便在受试者不写姓名的情况下，识别问卷。

第二，提前跟参与调查的老师交代清楚注意事项，为了让学生能更好地合作，在发放问卷前，老师对学生讲明本次调查的意义，及学生在这项研究中所起的作用，并感谢他们的合作。

第三，特别强调学生的答案无所谓正确和错误，一切回答要尊重实际情况，尤其是技术动机中的问题，要求学生一定按自己朴素的意识和平时的做法，而不是看别人的做法来回答。同时强调问卷一经收回，所在学校的老师绝不参与，而是由调查者做数据处理和分析。

第四，本调查在 2010 年 10 月 11—17 日一周内顺利完成。所有问卷由有关教师当堂亲自发放到受试者手中，并巡视、叮嘱学生按要求完成。同学之间不询问、不研究，凭第一印象回答问题。课题组人员提前列好教室地点，分别在不同地点巡视、等候，保证了所有问卷能在同一时间顺利收回，避免出现问卷丢失或遗漏现象。

收集数据的方法以测试和调查问卷为主，附带进行了几次采访和讨论，课题组成员有代表性地选择部分同学对其进行了访问，并就有关问题与其面对面探讨，以利于进一步掌握被调研群体的伦理思想倾向。

4.3 伦理观念现状调查问卷的统计分析

收回的数据按如下五步进行分析：①将 A 答卷上的 A、B、C、D、E 转换成 1、2、3、4、5；②用描述统计列出各变量的频率，对学生未做答的个别题目用该题目的平均数代替；③用内部一致性的方法检验各种变量是否达到统计上的要求，为此其中有些问卷题被删去；④在分析中，首先得出下列描写性统计值：平均分、最高分、最低分、标准差、有效被试人数及总和；⑤用逐步回归的方法检验各种变量和观念水平的相关性（表 4 - 2）。

表 4-2 作物资源伦理观念调查

变 量	均值	方差
作物伦理观念	64.7	3.696 8
作物资源观念	59.9	3.959 0
作物区域观念	76.4	1.577 4
作物生态观念	57.8	3.069 4

表 4-3 各调研样本的分支观念得分

学 校	样本群体	资源观念	区域观念	生态观念
东北农业大学	农学专业 09 一班	54.6	76.1	49.7
	农学专业 09 二班	58.4	79.3	50.2
	09 园林艺术	54.9	70.2	55.1
	植物学 09 一班	57.5	65.2	43.7
	09 研究生 4 班	59.2	70.1	60.8
	09 研究生 8 班	56.2	69.3	58.1
	09 研究生 5 班	64.1	76.4	57.4
黑龙江大学	生物化学与分子生物学 09 一班	52.1	88.4	53.6
	生物化学与分子生物学 09 二班	57.7	68.5	56.9
	种子科学与工程 09 一班	61.3	76.5	59.4
	种子科学与工程 09 二班	59.2	79.1	60.9
黑龙江八一农垦大学	生物技术 09 一班	59.2	77.7	55.4
	生物技术 09 二班	56.7	74.6	47.2
	农学 09 一班	68.1	74.2	60.9
	农学 09 二班	59.1	77.9	59.2
东北林业大学	林学专业 09 一班	59.9	79.2	66.4
	林学专业 09 二班	60.2	80.3	60.6
	植物学 09 一班	63.7	85.4	62.7
	09 研究生 3 班	59.7	68.8	66.3
	09 研究生 5 班	69.2	81.6	61.3
	09 研究生 7 班	66.3	86.5	67.5
平 均		59.9	76.4	57.8

图4－2是四所高校21个群体的伦理观念综合评价，综合评价得分最高的是东北林业大学09研究生7班，综合评价得分73.4分；得分最低的是东北农业大学植物学09一班，综合评价得分55.5分。四个被调研群体中，东北林业大学综合评价得分为69.2，位居第一；其次是黑龙江大学，综合得分为64.5；黑龙江八一农垦大学综合得分64.2；东北农业大学综合得分61.3。

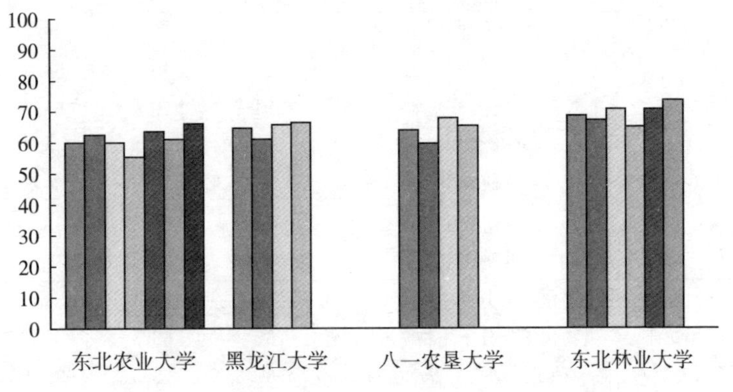

图4－2　四所高校21个群体的伦理观念综合评价

（1）作物资源观念

图4－3是各群体的作物资源的资源观念比较。从图4－3中可以看出，黑龙江八一农垦大学植物与生物技术学院的农学09一班作物资源观念得分最高68.1。黑龙江大学生命学院生物化学与分子生物学09一班得分最低52.1。

（2）作物区域观念

在作物资源伦理观念3个维度的指标中，区域观念评价是综合评价得分最高的一项。图4－4是各群体作物资源的区域观念比较。其中得分最高的是黑龙江大学生命学院生物化学与分子生物学09一班，得分88.4分；得分最低的是东北农业大学植物学09一班，得分65.2分。

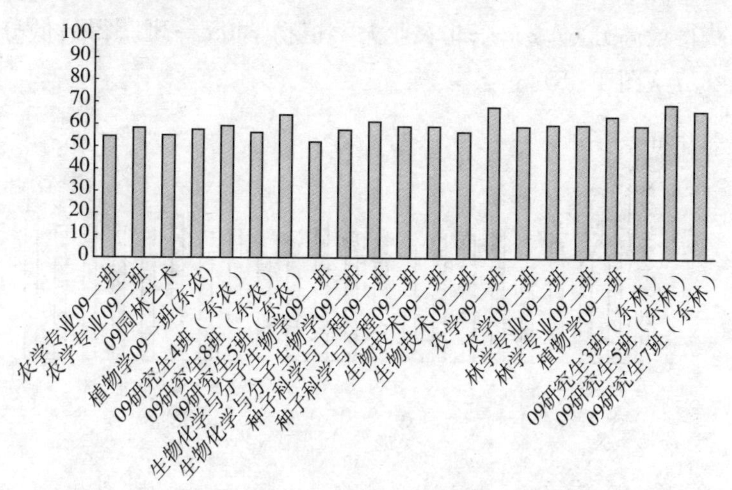

图4-3　各群体的作物资源的资源观念比较

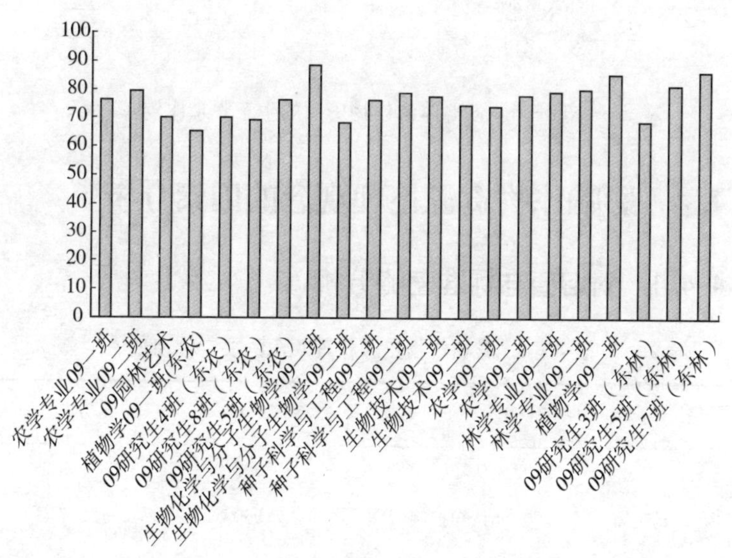

图4-4　各群体的作物资源的区域观念比较

（3）作物生态观念

关于作物资源生态观念，东北林业大学 09 研究生 7 班获得最高分 67.5；东北农业大学植物学 09 一班获得最低分 43.7（图 4-5）。

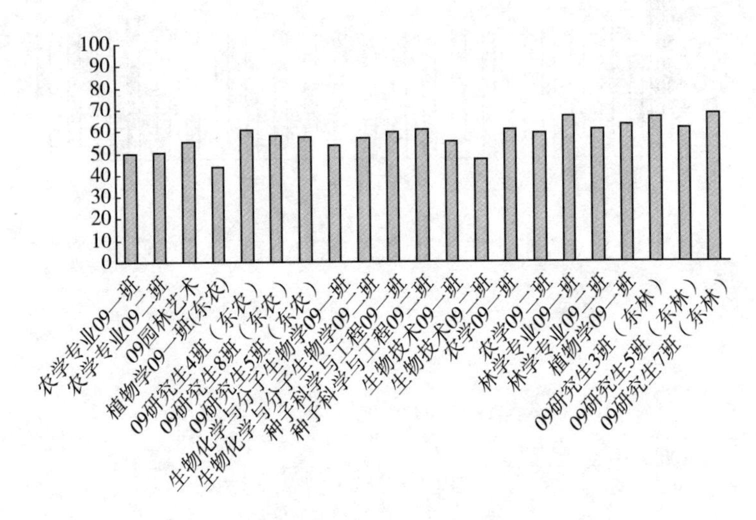

图 4-5　各群体的作物资源的生态观念比较

4.4　影响作物资源伦理观念的因素分析

4.4.1　对均值与标准差的分析

表 4-4　影响作物资源伦理观念的决定性因素

变　量		均值	方差
元认知	元认知意识	20.903 4	3.959 0
	元认知控制	7.950 0	1.577 4
	元认知引发	19.416 7	3.069 4

（续）

变量		均值	方差
迁移认知	农业文化认知	11.666 7	1.949 4
	生物技术认知	7.750 0	1.019 5
	作物生产发展认知	5.250 0	1.598 4
技术动机	表层动机	12.571 7	1.912 4
	深层动机	18.571 4	2.501 4

（1）传统农业文化认知

传统农业文化是建立在古代农业生产和生活基础上而形成的观念体系，其中包含着哲学理念、伦理道德规范和价值取向等。中国传统农业文化体系中包含着因时而变和相对稳定的两个方面的理论精华。所谓因时而变是指与当时的农业生产和生活密切相连的具体思想的转变。所谓相对不变是指在对具体的生产、生活经验概括和体悟的基础上而形成的一般性、普遍性思想，这些思想往往具有超时空的意义，它并不因环境的变化而完全发生变化（张磊，2004）。调查问卷中涉及了一些传统农业文化的知识单元，但从调查问卷看，传统文化的认知较弱，许多被调查者对 17 世纪前后我国的农业科技发展情况不了解，对 17 世纪以前我国的农业科技一直居于世界前列，17 世纪之后传统农业科技仍向纵深发展的概括不认同，更缺少对中国传统农业文化的正确认识和评价。如对糖甜菜的起源、我国是否为大豆原产地、我国的有花植物资源等知之过少。

（2）元认知引发的认同

作物种质资源作为生物资源的重要组成部分，是培育作物优质、高产、抗病（虫），抗逆新品种的物质基础，是人类社会生存与发展的战略性资源；是提高农业综合生产能力，维系国家食物安全的重要保证；是农业得以持续发展的重要基础。但从交互性调查中体现不出被调查者的关于作物资源的认知观念。

在关于保护植物遗传资源方面。许多被调查者对野生的基因源可以用来培育新的植物（特别是作物）品种，有明确的认识，但对关于采用非原生境保护和原生境保护的方略保护植物遗传资源的必要性认识不足。许多被调查者对处于自然状态的作物资源进行直接保护，如对某些珍稀植物资源，设置各种自然保护区，保存特定的生态环境和物种本身，使之免受破坏无认知。

（3）技术动机考察

伦理观念中的认知包含思想和行为两方面表现，并且在多数情况下，思想上的认知与行为所表现出的认知并不完全一致，思想上认知较高，不代表行为上做得较好，只有思想和行为认知都较高，才能推动伦理观念的发展。

本研究使用的研究工具包括：观念自评量表，从中选取了在大学生中表现较为明显的8个因子：元认知意识、元认知控制、元认知引发；农业文化认知、生物技术认知、作物生产发展认知；表层动机和深层动机。

通过不同调查个体对技术行为的认知以及行为倾向比较发现，深层技术动机普遍较强者对不良行为的认知片面、肤浅，只能认识到较低层次的不良行为，而对较高层次的不良行为认知很低。

而表层技术动机普遍者对不良行为的认知相对全面、深刻，对较低层次的不良行为认知较高，同时还能认识到较高层次的不良行为。

深层技术动机普遍者的行为意识还处在自在层次，对作物资源环境要素、生态要素的内在要求的认识程度不高，保护作物资源的行为意识大多是被动的、消极的。

表层技术动机普遍者的行为意识处于自觉层次，对作物资源环境要素、生态要素的内在要求的认识程度较高，保护作物资源的行为意识大多是主动的、积极的。

4.4.2 逐步多元回归分析

鉴于研究生的群体情况比较典型，我们把研究生群体观念得分作为因变量，其余的8个变量作为自变量，进行统计运算，所得的相关系数列于表4-5：

表4-5 各变量与观念的关系

	观 念		观 念
元认知意识	0.798 13	生物技术认知	−0.426 14
元认知控制	0.780 66	作物生产发展认知	0.594 07
元认知引发	0.530 16	表层技术动机	0.176 80
农业文化认知	0.306 45	深层技术动机	0.659 69

这个表使我们对每一个变量与作物资源伦理观念的相关程度一目了然。相关系数的绝对值越高，对观念得分的预测能力越强。系数有正负两个可能性，如果是正值，伦理观念得分高的可能性越大，如果是负值，情况则相反。然而任何一个学生的作物资源伦理观念都不是单一受某一个变量影响的，各变量间也不是孤立的，而是存在着不同程度的联系。也就是说，探讨元认知、迁移认知和技术动机与作物资源伦

理观念之间的关系，实际上是研究一个因变量与多个自变量之间的关系。为此，课题组采用了逐步多元回归的统计方法对数据进行了分析。表 4－6 是逐步多元回归的分析结果。

表 4－6　逐步多元回归结果

步骤	引入的变量	偏相关系数平方	复相关系数平方	标准误差	F－检验值
1	元认知意识	0.612 1	0.612 1	0.143 56	0.000 1
2	元认知控制	0.123 6	0.735 7	0.243 07	0.000 1
3	深层技术动机	0.060 7	0.796 4	0.134 19	0.002 1
4	作物生产发展认知	0.011 1	0.807 5	0.140 32	0.021 6
5	元认知引发	0.004 9	0.812 4	0.167 17	0.120 0

在总共的 8 个变量中，5 个变量被引入回归方程。从相关系数表中我们已经得知，这 5 个变量与伦理观念的相关系数最高，分别为：0.798 13、0.780 66、0.659 69、0.594 07、－0.530 16。这 5 个变量被引入回归方程后，其复相关系数平方（R Square）为 81.24；偏相关系数显示出这 5 个变量在该组合中所占比例情况。方差分析见表 4－7：

表 4－7　方差分析结果

	自由度	平方和	均　方
回归	5	12 789.045 67	2 557.809 19
误差	94	2 373.086 48	25.245 60
显著水平 F＝0.1			

表中数据显示，第五个变量引入方程后，回归均方（MS_R）显著大于误差均方（MS_E）。据此可以认为引入的这 5 个变量与作物伦理观念之间存在显著的线性关系，虽然有

几个变量没有进入回归方程，还不能说它们与观念之间有线性关系，但从表中会发现这几个变量与作物伦理观念的相关系数分别为：0.426 14，0.306 45，0.176 80，其中生物技术认知已接近显著水平。

4.5 目前作物资源伦理观念存在的主要问题

大众生态伦理意识是人们对自己在社会生态系统中的地位和作用的认知。而这种认知的发展变化又集中表现为对人与自然关系认识的发展。回顾人类的发展历程，在人与自然关系中，人类所处的强势与弱势的情境变化，直接引发人类对自然的认知呈现出时间的过程性和往复性。经过改革开放三十多年，尤其是党的十六届三中全会关于科学发展观的确立，全国范围内生态伦理和科技伦理观念有了长足进步，现代的作物资源伦理观也得到初步确立。但通过对高知人群的作物资源伦理观念调查发现，问题仍比较突出，具体可归纳为以下几个方面：

4.5.1 本位与自我的思维模式

在中国传统社会结构和传统中国人行为的领域中，费孝通所提出的差序格局和梁漱溟所提出的伦理本位是最具影响力的两个理论，其中最鲜明的分歧在于对中国人行为取向的判断，费孝通认为中国人是自私的，其行为可概括为“自我主义”（廉如鉴，2009）。

本位，是中国近代产生的一个负面用语，泛指一种态度和心理状态。本位与自我的思维模式是此次作物资源伦理观念被调查群体的最基本表现，也是此次作物资源伦理观念调查得出的基本结论。之所以将被调查对象的群体表现趋势界定为本位主义（departmentalism），是因为被调查者在进行交互性调查问卷的表现中，出发点完全是为人类自身利益打算而不顾生态系统的整体利益，表现出完全以自我为服务目标的思想倾向或潜在行为。如关于“生物安全”问题，被调查者大多不认同人类活动会引起外来物种迁入，并由此对当地其他物种和生态系统造成改变和危害；不认为人为造成的环境剧烈变化会对生物的多样性产生影响和威胁；更不认为在科学研究、开发、生产和应用过程中产生的物种迁入会造成对人类健康、生存环境和社会生活的有害影响。

关于保护植物遗传资源问题。许多被调查者对保存、管理没有认识，或者不认为保护植物遗传资源是指保持基因源的完整，从中体现出了当今中国即将从事作物资源操作与管理的大学生们的本位与自我的思维模式。这种思维模式有别于自私自利和损人利己，较为理性、务实，但不适合科学发展观背景下作物资源伦理思维的演进，更不利于现代作物资源伦理观念的构建。

如在资源观念的交互调查中，关于阿拉拉特小麦是小麦属的四倍体种的问题，许多学生认为，这些内容与自己太遥远，知不知道无所谓。

另外，在潜意识中明知一些行为不符合生态伦理约束的时候，却常常放宽对自己的要求，认为保护作物资源或保证生态安全与自己并无直接关系，更不会在意所造成的严重后果。尤其在运用现代生物技术手段进行资源修饰与改造时，总体表现趋势是群体利益为先，这样的观念很容易造成资源危机。如在生物基因多样性减少的植物“遗传侵蚀”问题中，提到在玉米植物群体中，一些抗病基因丢失了，会使玉米植株发生病害，生长衰弱、生产力降低，这就是“遗传侵蚀”和“遗传侵蚀”导致的结果。许多学生将玉米发生病害，生长衰弱、生产力降低的原因归结为环境恶化。

4.5.2 技术动机中普遍而浓重的逐利思想

作物资源伦理观念调查的另一个表征是技术动机中普遍而浓重的逐利思想。许多被调查者学习现代生物技术是为了发展基因组育种新技术、转基因新技术，实现规模化定向分子育种设计；目标是农业的少投入、多产出。想利用基因工程技术培养优质、高产、抗性好的农作物新品种，培养出具有特殊用途的植物（如转黄瓜抗青枯病基因的甜椒；转鱼抗寒基因的番茄；转黄瓜抗青枯病基因的马铃薯；不会引起过敏的转基因大豆等）。

许多被调查者认为，掌握现代生物技术手段，利用转基因技术使某一作物的某一品种集所有优异性状于一身，则现代种植业就免除病虫草的危害了，这正是现代生物技术的发展方向。他们却忽略了作物生产的群体生态问题，单一的作物生产群体是脆弱的，这无论是从作物生产的经济角度还是作物生产发展的生态安全角度都是不可取的。

人类作为有认知反映能力和认知装载能力的情感动物，存在逐利思想情有可原，但不能失去理性。只有理性逐利，才利在情理之中。墨翟曾经提出：“不相爱”是乱世之根源，“兼相爱”、“交相利”是治理乱世的基本途径。“兼相爱”、“交相利”的理论渊源来自仁义，“兼即仁矣，义矣”（《墨子·天志中》)。对于作物资源及其我们共存的生态系统，我们提倡“兼相爱”，更推崇“交相利”，但绝不允许片面追求单返、单向与人的“相利”，讲究利的交互性。也就是说，人与作物生态系统间能量流应该是交互的、熵存在应该是互相的、完整性应该是独立的。

4.5.3 缺乏对本土传统农业思想认知的意识与动力

任何农业都是在一定的时间与空间条件下发生、发展的。中国作为一个农业大国，地域辽阔，历史悠久，在不同的历史时期曾经形成过许多具有明显独立特点的区域农业类型。

中国自古以来以农立国，是世界三大起源中心之一，现在广大人民衣食所资的粟、黍、稻、麦、豆、麻等重要作物都是中国先民在原始时代驯化栽培成功的，有些在世界上是最早驯化栽培成功的。中国是一个具有五千年悠久文化历史的国家，而这五千年的文化历史是孕育在农业生产这片土壤之中的，同时，伴随着农业的发展，五千年的文化历史也在不断地发生着变革，不断地进行着创新，从而形成了这厚重而又漫长的传统农业文化。这种文化历史久远、内涵丰富，贯穿古今，渗透在各个领域，其内容包括了历代的政治思想、经济、土地的所有制制度等。

在长期的农业生产过程中，中国传统农业文化，比较注意适应和利用农业生态系统中的农业生物、自然环境等各种因素之间的相互依存和相互制约，比较注意农业生态系统内部物质循环和综合利用，比较注意协调人与自然的关系，因此，比较符合可持续农业生产的本性，与现在提倡的可持续农业的原理是相通的，在一定程度上代表了农业发展的方向。

但本次作物资源伦理观念调查发现，被调查群体普遍缺乏对本土传统农业思想认知的意识和动力（具体的原因与深层次论述将在本章的第六部分进行发掘性思考），被调查群体对本土传统农业思想认知的意识缺陷，不符合马克思主义思想，更违背了我国几代领导人关于对传统文化的取其精华、去其糟粕，辩证性继承的思想理论精华。

意识是行为的开始，而教育则是意识和文化形成的重要方式。作物资源伦理观念教育作为提高大众生态伦理意识的重要途径，就是通过作物资源、生态等人文理念的引导，帮助大众认识农业生态环境问题的严重性、作物资源问题的严重性，唤起大众的生态忧患意识；帮助人们认清自身行为对生态环境危机产生的恶劣影响，从而增强对生态环境行为的自律性。

4.6 后现代农业发展阶段农业传统文化的诉求与创新能力的思考

中国农业从传统农业向现代农业转变，经历了现代农业技术吸收、整合的艰苦阶段，形成了当前我国的农业生产能力和规模。从集约化生产概念的提出到集约化的栽培技术整合，从布劳格博士培育的矮秆高产小麦到绿色革命的兴起，应该说，我国现代农业技术吸收与整合对提升我国农业的整体水平起到了积极的作用，实现了我国用不到世界十分之一的土地养活世界四分之一多的人口，而无需外援。但当前，我国传统农业文化基本单元的缺蚀，农业传统文化审视机制的虚无，也造成了当前我国后现代农业发展过程中的本土传统农业文化的逐渐丢失，以及对外来技术的盲从和非选择性的兼收并蓄。盲从的收蓄将引发后续的本土农业创新能力和水平的下降，甚至造成可持续生产能力和功能的丧失。

作物资源的衰减直接源于农业工业化的发展路径，这一点毋庸置疑。在进行作物资源的伦理观研究的过程中，一个由作物资源引发的，与农业可持续发展高度相关的农业发展领域的全新课题摆在我们面前：农业传统文化的缺蚀和外引文化审视机制的虚无，已经使我国农业的发展渐渐滑入无范式、非理性的歧途。

我国著名的农史研究专家万国鼎先生在《农林新报》发表的《整理古农书》一文中提出，“异国经营研究之所得，未必即可负贩而用之吾国，要当考诸学理，验之事实，使其适合于时与地。”一个国家有其特有的农业生产环境，有上百、抑或近千年的农业传统，传统是饱含特点的社会因素，环境是具有特质的生态性区域。因此，中国在后现代农业发展过程中应重视农业传统文化的诉求，挖掘本土农业文化资源，加强对农业外引文化的审视，提高农业自我创新能力，促进我国大国农业的健康发展。

农业文化是由农业生产实践活动所创造的、与农业生产活动直接相关的、对农业生产活动有直接影响的各种文化现象的总和。学者们把农业文化划分为智能文化、物质文化、规范文化、精神文化四大部分。

我国农业传统文化是本土传统农业文化的集成，荟萃我国上千年农业思想者、发明者和生产者的智慧。传统农业哲学中的“圜道观”认为，宇宙中的万物永恒地循着周而复始的环周运动，一切自然现象和社会、人事的发生、发展和消亡，都在往复运动中进行。“圜道观”是中国古代农家在耕作制度中，最早实行作物循环（轮作）、耕作循环（轮耕）、用养循环、物能循环的重要理论依据。但受农业承载力打压，当前我国农业生产领域普遍存在掠夺性开发、技术异化、能量流代际间不均衡、资源和环境破坏严重等问题，农业的可持续发展能力越来越弱。

中国传统哲学中的“尚中观”，最典型的表达方式就是“执其两端而用其中”。中国古代农家在寻求最佳生态关系方面，首先考虑的问题就是给农作物创造最佳的天时和地利条件。《吕氏春秋·审时》提出，选择最佳农时，既反对“先时”，又反对“后时”，要求“得时”而事。然而，回顾我国农业对于外来文化的吸收和整合轨迹，常常违背传统农业哲学的尚中观，化肥的无节制使用，使世界三大黑土带之一的东北黑土地正在变黄、变瘦。

农业传统文化的认知（traditional agriculture cognition）是指通过心理活动（如形成概念、知觉、判断或想象）获取农业传统文化的知识单元。农业传统文化的认知也是与情感、意志相对应的。由于没有或缺少农业传统文化的认知，往往造成认识的主体人对外引农业技术等（客体智能文化）的歧义容忍度的增加。歧义容忍度是指技术发明人、技术传播者或技术管理部门对外引文化（外来文化）的异化及潜在危害等的容忍程度。我们现有的研究表明，歧义容忍度是农业外引文化审视机制最活跃因素，歧义容忍度越小，审视机制越严格，排他的可能性就越大，相反，歧义容忍度的无限加大，就会造成审视机制的虚无。

传统农业文化中的积极因素，会在文化转变过程中成为新文化的要素，对经济发展起积极作用。但由于人们对外来文化的盲目推崇阻断了对传统农业文化正效应的认知。

我国农业传统文化对世界农业的发展影响深远，从日本的自然农法到美国的保护性耕作，都有我国农业传统文化的影子。杂交水稻的成功培育，得益于我国华南野生稻资源——野稗，这个与栽培稻具有相近亲缘关系的物质文化资源，在袁隆平院士的不懈努力下，跨越了物种隔离机制的障碍和藩篱；2002年，国家973项目首席科学家朱有勇教授的科研成果，“遗传多样性与水稻病害的控制”发表于国际权威杂志Nature。截止到2010年，这个凝聚我国农业传统文化智慧的利用农业生物多样性持续控制有害生物的理念和技术已推广和应用1亿多亩，极大地保护了地球的生态资源和生物多样性……

但当前，我国农业传统文化日益衰减，因无传承而日渐缺蚀。目前，国内只有坐落于南京农业大学的中华农业文明研究院和中国农业大学、西北农林科技大学有农业传统文化研究机构，前者有博士、硕士学位授予权，后两者只有硕士学位授予权。由于只限于治史，因此传播功能较弱。国内农科类大学目前还都没有开设传统农业的史学课或文化课，传统农业文化的传播和传承，遭遇尴尬境遇。

本土农业传统文化的缺蚀限制了我国农业创新能力。根据黑龙江省生产力促进中心的资料显示，2009年，黑龙江省农业的科技贡献率已达到62%，种植业的科技贡献率也已达到56%，其中所列的贡献权重较大的技术项目多为外引智力（占项目总数的78%）。黑龙江的农业生产规模和水平全国领先，由此或许能显现我国本土农业的科技创新能力和水平。

创新文化建设是制度的不断调整、变迁和完善的过程。孙启贵（2009）采用协同演化和相互建构的方法，建立了一个相对完善的技术与社会协同演化的基本理论，提出了社会发展的创新动力学框架。但由于缺少本土文化资源因素的动力分析，使科技创新的动力学说略显亏缺。

科学发展观视野下的农业科技创新机制建设，离不开农业传统文化营养的有效供给、传统与外引文化的消长与融合、创新管理机制的高效运转。其中，农业传统文化角色不可或缺，缺则形同家门无槛、缺则有如活水无源。

当今世界农业即将步入后现代农业（postmodern agriculture）发展阶段。后现代农业是相对于现代化农业而言的，是介于现代化农业和生态农业（ecological agriculture；eco-agriculture）之间的概念，是现代化农业的延续，具有时间特征，并用于表达要有必要意识、思想和行动回归生态农业范畴。资源生态学把遵循生态经济学原理和生态规律发展的农业生产模式定义为生态农业。生态农业是后现代农业发展所追求的最高目标，实现生态农业的基本前提是农产品极大丰富，而实现农产品极度丰富的根本途径是发展现代化农业。但现代化农业受经济目标的逐利影响，正逐渐步入生态困境，后现代农业发展阶段将出现农业生态观的原始回归，这将为生态农业的发展奠定基础，也为我国农业传统文化功能的发挥创造机遇。

我国灿烂的农业文明孕育了广博的本土农业文化，农业传统文化是农业技术创新的基本源泉。认清后现代农业的发展特点，抓住后现代农业发展时期我国农业传统文化的发展机遇，理清限制我国农业传统文化传承与发展的障碍性因子，分析农业传统文化与我国本土农业科技创新能力的相关关系，构建科学发展观视阈下的农业科技创新机制，对于提高我国农业科技创新能力和水平，提升我国农业大国的世界声望和地位，无疑具有重要的理论和现实意义。

4.7 作物资源开发者的有为境界：学参天地、德合自然

2010年，台湾著名学者刘述先在北京大学演讲传统哲学时指出，超越与内在是人类永恒的问题，虽然在过去，中国传统哲学中缺乏这类的概念化的表述。然而儒家提供的思想决不只是一种俗世伦理，而且也是一种精神传统，只有将儒家的精神作为自己的终极关怀，才可以安身立命。儒家学说建构的是一内在超越的型态：既有超越的向往，又有文化创造与日常践履，以致日新月异、周而复始、回环不已。

"学参天地，德和自然"，可以作为作物资源开发者达到有为境界而恪守的伦理原则。作物资源从业人员，应通过外控与内控相结合，崇尚公共利益至上，树立生态人格，自觉构建伦理观念。

"学参天地"出自《中庸》："唯天下至诚……可以参天地之化育，则可以与天地参矣"（《中庸 第二十二章》）。后朱子又发扬其说："此儒者之学，必至参天地，赞化育，然后为功用之全也"（《白鹿洞志》）。"学参天地"古意为"治

大学问者可了解天地间的规律，参与天地生化不息的进程。”“学参天地”是技术层面的伦理需要，期望作物资源研究者和开发者能熟知天地自然规律，熟谙作物资源生态性，把握作物资源开发与改造的技术尺度。

“德合自然”出自《老子》：“人法地，地法天，天法道，道法自然”（《老子 第二十五章》）。道法自然中的自然，指“道”的自然状态。老子原文的古意有两层：第一是说天、地、人都有其应该遵循的自然规律，第二是说天、地、人、物都应遵循自然规律。老子在这里其实追求一种人与自然、人与社会、人与人的和谐相处的境界。“德合自然”字面的含义为道德要符合自然规律。“德合自然”是道德层面的伦理要求，提倡作物资源开发者和研究者，在具有“学参天地、技贯东西”才学的基础上，不忘自然规律，牢固树立作物资源伦理观念。

“学参天地”是实现有为境界的基础，“德合自然”是有为境界的归宿。

5

作物资源的固有生态性及种质生态伦理

20 世纪以来，西方伦理学的一个重要进展是生态伦理思想的出现。生态伦理与传统伦理的一个重要区别在于，前者将道德关怀从人类社会领域扩展到自然领域，从而给传统的伦理观念带来了一场革命性的转变。只有人类向自然的索取与人类对自然的回馈相平衡时人与自然之间才能达到高度统一，当人类的利己行为与利他行为相平衡时才能达到人与人之间的高度和谐（世界未来学会报告，2003），这对于种质资源的可持续利用同样具有指导性意义。

依据挪威学者阿伦奈斯的深层生态学原理，自然是一个由生物、物理及化学物质构成的，并且能够自我调节的有机环境整体，人类和地球上的非人类生命的繁荣都具有内在价值。人是自然的一部分，人与自然界其他生命形式应当是伙伴关系。但我们知道人是能动的，人类是在对自然界的不断改造中创造自己的繁荣和文化。奈斯指出，深层生态伦理所谓的“不干预”这一口号并不意味着人类不应调整某些生态系统，也并不意味着人类不应调节其他物种。问题是此种干预的性质与程度。

由于作物种质资源的生态属性，决定了其生态伦理性约束。种质生态伦理是指种质资源对其生存的外部生态环境所产生作用的伦理性约束，是种质资源作为非单一属性自然资源秉承自然法则的内在动力和外在要求。如果说 20 世纪农药产业的发展和农药的使用没有经历生态伦理的约束，造成了部分人们意想不到的生态危害；则 21 世纪种质资源发展对生态伦理的逃避，势必产生难以预料的生态伤害。

5.1 作物资源的固有生态性及非生态性偏差

作物种质资源不仅为人类衣食提供了原料，为人类生活健康提供了重要的营养品和药品资源，而且还提供了良好的生态环境（方嘉禾，2002）。作物资源是从由自然、社会、人组成的生态系统中选取出来的可资利用的资源，作物资源也是生态系统的一部分。作物资源和其他的生物群体一样，有其固有的生态性，这种生态性随时体现着物种与物种之间、物种与基因之间、物种与环境之间的各种错综复杂的依存、需求与约束关系。但作物资源又不同于其他普通的生物资源，由于其特有的社会利用价值和可改造性，在一定范围内会产生非生态性偏差。作物资源的“非生态性偏差”是作物资源存在于作物生态系统中所表现出来的非生态性存在。从人本位角度看，作物资源的非生态性偏差也是作物资源遗传多样性的来源之一，能满足人类更高层次的需求。例如，人们通过辐射育种手段获得作物品质变异，航天搭载种子获得优良性状变异等，这些虽然都是在人为作用下，使作物品种产生非生态性的表现，但同样获得了遗传表现上的多样性。从生态本位角度思考，任何非生态性偏差都存在着引发生态链式危害的潜在可能性，尤其是随着现代生物技术的发展，人类作用于作物资源的生态足迹日益加重，作物资源满足当代人利益需求的非本征趋势越来越明显。

5.1.1 作物资源的非生态性偏差的概念与分类

5.1.1.1 作物资源“非生态性偏差”的概念

“非生态性偏差”是作物资源存在于作物生态系统中所表现出来的非生态性存在，是作物满足当代人生产和生活需要的主观性选择的结果。作物满足当代人需求的非自然生态性越多，则作物资源的非生态性偏差越大。“非生态性偏差”是作物有别于非种植植物的基本特征。非生态性偏差既具有普遍性，又具有特殊性。

5.1.1.2 作物资源非生态性偏差的分类

作物资源的非生态性偏差按其产生的形式可划分为：源发型非生态性偏差、诱导型非生态性偏差、胁迫型非生态性偏差。

源发型非生态性偏差。指在栽培的条件下，作物所表现出来的与原始生存状态不同的生存表现。如系谱选择所产生的高产品种的表现类型，高肥、足水的田间环境使作物表现出的非原始表现，皆属于源发型非生态性偏差。

诱导型非生态性偏差。指通过改变作物所处的环境条件，或通过人为手段干预其生存状态，使其产生某些能满足人们需求的生存表现。如经太空飞行和射线辐射所产生的品种生存表现和品质表现。

这种人为干预没有从根本上改变作物属于该作物的遗传信息，只是创造了作物可以获得变异的一定条件，这种条件，作物可能会在以后的生存中经历；这种变化，作物本身也许会在自然的情形下发生，只是人们主观地创造了这种条件，加快了它的发生进程。

胁迫型非生态性偏差。指通过人为手段改变其固有的遗传信息，使其产生某些满足人们需求的生存表现。如通过远缘杂交或基因工程使作物品种产生非同一般的表现。

从非生态性偏差的产生程度又可划分为：可复原型非生态性偏差、不可复原型非生态性偏差。

可复原型非生态性偏差。指某些非生态性偏差的表现会在作物作为自然生态因素，回归自然的生境中丧失，该种非生态性偏差为可复原型非生态性偏差。部分源发型非生态性偏差就属于可复原型非生态性偏差。

不可复原型非生态性偏差。指作物的某些非生态性偏差的表现会随品种的繁衍和进化固定下来，即使将作物回归到纯自然的生态环境中，这种表现也不会丧失，该种非生态性偏差为不可复原型非生态性偏差。

5.1.2 作物资源非生态性偏差的可接受程度和生态学界定

作物资源特有的可改造性和利用价值，决定了其存在非生态性偏差的必然性。作物资源作为生物资源的一种，其非生态性偏差是有边界条件的，所谓边界就是有限度、有范围、有约束，条件就是自然法则。人类的一切活动包括对生物资源的需求都应限制在自然生态系统的承载力之内并受到自然法则的约束，其实质就是尊重自然、遵循自然法则，与包括作物在内的整个生态系统友善相待、和谐相处。因此对作物资源非生态性偏差的管理应立足于既承认其存在的合理性又认识到其存在的有限性。作物资源的非生态性偏差的区界如何界定，应是单区界点还是双区界点？我们不妨从以下几个方面加以论证，见图 5-1。

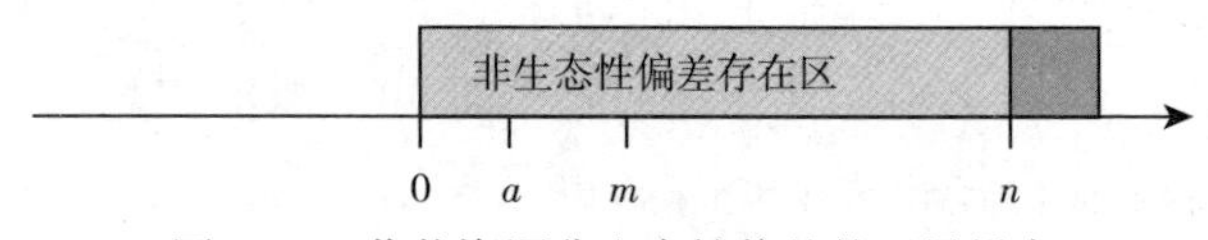

图 5-1　作物资源非生态性偏差的区界界定

（1）假设作物的非生态性偏差为单区界点（a，∞）（如图 5-1），如果区界点为非生态性偏差存在区的任意点，则意味着人们可以任意加大对作物资源的改造力。这种情况是典型的人本位主义的道德观，会造成对自然与生态的极大破坏。

（2）如果作物的非生态性偏差为双区界点（m，n）。当 $m=n=0$ 时，人类处于纯自然的原始困境中，没有干预，没有进步和发展，是纯粹的自然主义道德观。当 $m=0$，$n>0$ 时，人类的认知较贫乏，没有安全干预域的认知，对 n 值的界定比较困难。当 $m>0$，$n=m$ 时，人们对作物资源的安全干预域有一定的认知，但缺少对未知领域的研究与探索，也很难有发展。

（3）假使人类对作物非生态性偏差的认知是建立在科学发展基础上的，作物资源的非生态性偏差应该是双区界点，$m>0$，$n>m$。其中 $0\sim m$ 区间是人类干预的安全区界。$m\sim n$ 区界为人类自然干预的探索区界。n 为现有认知条件下的人类干预的临界值。

鉴于此，对作物资源的非生态性偏差可接受程度的生态学界定，应严格界定在 $0\sim n$ 范围内，其中 $0\sim m$ 区间的偏差是对生态系统无任何潜在危害的，$m \sim n$ 区间的偏差可能存在某些潜在生态危害，希冀通过评价、检测、趋利避害等手段，消除或减弱。从科学发展角度，$m \sim n$ 区间的人类干预是不应随意发生的。

关于 n 值的确定，具有重要的生态学意义。对于作物非生态性偏差存在的合理性首先表现为非生态性偏差的存在不会产生自身种群的退化和灭绝，不能带来对同属种群、临近物种和环境生态的直接、间接危害或潜在灾难。

5.1.3 作物资源非生态性偏差的管理

前面曾经提到过，作物的非生态性偏差是作物有别于非种植植物的基本特征，是作物满足人类需求而表现出来的一种非生态性存在，这种非生态性存在是人们主观意愿在作物这一客体上的体现，因此表现为人类的干预力，属于人类的自然干预力范畴。这种干预力同样是有边界的，应控制在一定的程度和范围内。从资源经济学角度考虑，加强对于作物资源非生态性偏差的管理，使其存在于可评价和可控范围内，增强对 $0 \sim m$ 区间的偏差的利用与改造，扩大其为人类的发展而服务的功能；加强同步认知，推进 m 界点的右移。加强对 $m \sim n$ 区间的监测与调控，最大限度地增进发展与生态和谐；加大对 $>n$ 的未知区间的发现与探索，扩大人类对作物资源改造的区间和范围（图 5－2）。

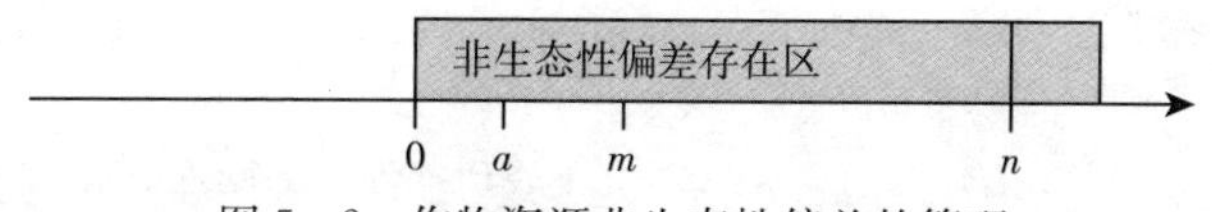

图 5－2　作物资源非生态性偏差的管理

5.2 转基因作物的生态安全性与种质生态伦理

5.2.1 进化生物学中的隔离机制及其在物种形成中的作用

隔离机制是进化生物学中的一个概念，是生物个体的生物学主要特征之一，这种特征防止了同域不同物种的群体之间相互配育（迈尔，2003）。表5-1总结了常见的物种间隔离机制。隔离机制是维护自然界生物多样性的一种自然作用力，其中地理隔离和生态隔离为特有类群的种系发生及物种多样性的形成提供了必要的条件，生殖隔离使特有类群的种系得以稳定和连续性遗传。

表5-1 常见的物种间隔离机制（沈银柱，2002）

隔离机制	产 生 原 因
地理隔离	由于海洋、高山、沙漠等空间因素的限制，物种的扩散能力、花粉流等不能克服这些地理障碍
生态隔离	物种即使分布于相同的生境中，但分别生长在不同的小生境中，如一个山坡的不同海拔高度、南北极向等，这也会产生隔离，这是因生态条件的差异而产生的隔离
生殖隔离	①季节性隔离，如植物花期不遇 ②行为不兼容而防止交配（行为隔离） ③发生交配但是没有精子的迁移 ④精子移动，但卵未受精（配子不兼容） ⑤卵受精但是合子死亡（合子致死） ⑥合子发育成生存能力低下的F1杂种（杂种不能存活） ⑦F1杂种完全发育并存活，但是部分或者完全不能繁育后代

上述的隔离机制中，最重要的是物种之间的生殖隔离，并且在自然条件下，不同的隔离机制常常以不同的方式综合发生作用。在保护生物学中，物种是指与其他物种之间存在着生殖隔离的一群可以相互配育的种群。同一物种的个体或种群在表型和基因型方面具有连续性。

在许多情况下，一个物种内并非所有的种群都彼此毗邻分布。一些地理障碍，如水域、山脉、荒漠及物种不适应的其他地形条件，可将某些种群与其他种群阻隔开。这些地理障碍降低甚至阻止了进行有性生殖的物种内不同种群之间的基因流动，基因交流一般只能局限于各个小种群内部，造成每一个被分隔开的种群独立于亲种的其他种群而发生进化。这种发生隔离进化的种群可以看作为初始种。在初始种的群体内，发生了大量的遗传过程，这些过程可能与亲种中的遗传过程不一样。由于基因突变、偶然性的基因丢失，以及遗传重组等作用，初始种群体内会产生出不同于亲种的新的表型和基因型多样性，这是生物多样性发展的由来。同时，种内相互隔离的种群在生活环境上可能存在很大的差异，因此要面对不同的环境选择压力。这样，随着种群内遗传变异和基因突变的不断积累，在环境因素的选择影响下，种内不同种群之间的基因库差异也逐渐增大，隔离的种群与亲种之间的差异会越来越多。经过相当长的时间，隔离的种群最终将发展为一个新的物种。在此过程中，新种会获得新的隔离机制，即使空间地理隔离发生变化，使新的物种可以侵入亲种分布区域的时候，这种隔离机制也会阻止它们与亲种相互配育（迈尔，2003）。

5.2.2 转基因技术中物种隔离机制的"虚无"与种质生态伦理

人的主观倾向性在现代生物技术的作用下，使维护自然界生物多样性的一种自然作用动力——物种的隔离机制变得"虚无"。人们似乎可以任意按着自己的主观意愿进行目标性状的自由组合，在作物种质资源上主要表现为种质资源的完全人性化运筹，甚至没有任何的自然法则，全然不顾及作物资源本身的生态性。

作物的生产是以利用自然能量为前提的物质生产，任何作物种质资源都要回归自然生态系统才能更好地进行能量截获和物质合成，因此，作物种质的运筹需要接受种质生态伦理的约束。种质生态伦理（Germplasm ecological ethic）是指种质资源对其生存的外部生态环境所产生作用的伦理性约束，是种质资源作为非单一属性自然资源秉承自然法则的内在动力和外在要求。如果说农药产业的发展和农药的使用没有经历生态伦理的约束而造成了部分人们意想不到的生态危害，而今种质资源发展对生态伦理的逃避，势必产生难以料到的生态伤害，这是种质生态伦理应予以关注的。通过运用作物资源非生态性偏差的生态学理论，对作物种质资源的人为运筹加以分析，进而寻求约束种质资源改造行为的伦理学尺度和经济界限。作物种质运筹的前提应是生态允许或生态无害；其追求的目标为经济—产出最优化。

为防止转基因技术下物种隔离机制的虚无，人类需建立生态的伦理观，以此规范人的行为，并对种质资源的运筹加以约束。这种伦理性关怀在某种程度上会减少物种隔离机制的虚无所产生的危害效应，弥补作物种质运筹中非生态性偏差的生态损伤。

5.3　作物资源非生态性偏差的存量危害分析

5.3.1　作物资源非生态性偏差的存量危害

生态系统是一个复杂、微妙的动态系统，一旦系统的平衡受到干扰，就会在不同范围、不同程度上影响到系统的正常运行。作为生态系统中一员的人类，与其他自然存在物还是有所不同的，人类具有主观能动性。正如恩格斯所说的，“动物仅仅利用外部自然界，简单地用自己的存在在自然界中引起改变；而人则通过他所做出的改变来使自然界为自己的目的服务，来支配自然界（恩格斯，1984）”。人类是通过生产、生活等实践活动方式来实现人类与自然之间物质变换的。这种所谓的人类与自然之间的物质变换过程，既包括人类从自然界中获取各种资源，并把它们加工成为人类所需要的、新形态的物质产品的过程，也包括将产品生产过程中产生的废物以及产品使用、消费后的废弃物释放到自然界中的过程。如果人类从自然界获取的资源超过自然界中该资源的更新速度，而所产生的废物超过自然界的净化速度，就会导致自然资源匮乏、环境污染等生态问题的出现（张佳刚，2006）。

人是处于一定自然环境中的具有主观能动性的客体，自然生态是人类生活栖息的物理环境，然而人与自然总是处于相互作用、相互影响之中，人类对自然的影响，主要表现在人类根据自己的需要对自然的改造和利用。这种改造和利用，对自然并不都是无损害的，所以我们有必要澄清“改良”和“损害”这一对概念。同样是生态行为，有的可能是对自然生态的“损害”，有的则可能是对自然生态的“改良”或“促进”。是损害，还是改良或促进，关键看该行为是否建立在顺应生态发展的自然规律之上。违背生态自然规律的行为，将打破一定条件下的生态平衡，使自然生态趋于失调，这样的行为是对自然生态的“损害”。反之，假如生态行为建立在顺应生态发展的自然规律之上，那它将维持甚至进一步促进自然生态的和谐发展，这样的行为是对自然生态的“改良”或“促进”（黄国宝，2006）。

作物资源的非生态性偏差，尤其是胁迫型非生态性偏差，具有环境伤害性，具体体现在非生态性偏差的累积效应对生态环境固有生态性的破坏。因此非生态性偏差的环境损害受带有非生态性偏差的作物资源环境释放量和非生态性偏差存量共同的影响。

这里主要讨论胁迫型非生态性偏差的存量损害。非生态性偏差的存量损害是由环境中修饰作物资源（转基因作物资源）存量的规模或比率决定的。所以对于存量损害非生态性偏差，其损害与非生态性偏差存量表现为以下函数关系：

$$D = D(m) \tag{5-1}$$

假定总效益是修饰性作物资源环境释放量 M 的函数：

$$B = B(M) \tag{5-2}$$

存量非生态性偏差有持久性的特点，所以非生态性偏差将随时间而积累。极端情况下，非生态性偏差的存量将是以往所有环境释放偏差量之和，其所造成的损害也将一直无法消失。但大多数情况下，部分非生态性偏差存量将由于被生态系统弱化或被环境消减而随时间逐渐衰减（减少），不过其消减的速度应非常缓慢。

因此，在确定非生态性偏差存量损害的有效水平时，我们必须考虑非生态性偏差随时间积累的特点。要想完整确切地描述这类环境伤害的有效水平，就应该定义非生态性偏差释放量随时间变化的方式。

5.3.2　作物资源非生态性偏差存量危害稳态模型的建立

为了避免描述的过于复杂和便于分析，我们在稳态情况下分析非生态性偏差的有效伤害水平。所谓“稳态”，即要求非生态性偏差存量不变，同时修饰性作物资源的环境释放量也不变，那么，对于一种随时间积累的非生态性偏差怎么能做到这一点呢？唯一的可能性就是非生态性偏差产生量和被消化量平衡，也就是说，只要每一时期非生态性偏差消减的量等于同时期非生态性偏差的产生量，就可以保证非生态性偏差的存量不变。

假定非生态性偏差存量随时间变化的速率由微分方程来定义：

$$\frac{\mathrm{d}A}{\mathrm{d}t}=M_t-\alpha A_t \tag{5-3}$$

上式表示变量对时间的微分，指生态系统中非生态性偏差是由原有的存量和修饰作物的环境释放 M_t 共同形成的，但同时存在着非生态性偏差的环境消减过程，消减量由 αA_t 表示，

上式是基于我们不考虑非生态性偏差的消减速率随存量

A 和环境释放量 M_t 的变化而变化（其实这种情况是不存在的，但有利于我们分析问题）。

我们设消减参数 α 是个常数，假定对任意给定的时间间隔，非生态性偏差存量消减的比例不变。而且，参数 α 作为一个比例常数意味着它必然是 0～1 中间的某个数。对于不会发生任何消减的完全持久性非生态性偏差来说，$\alpha=0$；非完全持久性非生态性偏差，则 $0<\alpha<1$。如果 $\alpha=1$，意味着非生态性偏差即时消减，则不属于我们所说的存量损害情况。

在稳态情况下，环境中非生态性偏差存量的变化率为零，因此有：

$$M-\alpha A=0\text{，则 }A=\frac{M}{\alpha} \tag{5-4}$$

同时，释放水平 M 不随时间变化，非生态性偏差的环境释放对增加存量的贡献与各期中存量的消减 αA 相抵消。

关于释放水平 M 还有两点值得注意：

（1）对任意给定的非生态性偏差释放水平 M，α 的值越小，环境非生态性偏差损害水平 A 越高；

（2）如果 $\alpha=0$，即消减率为零，非生态性偏差完全持续，则只要 M 为正，非生态性偏差的水平必然随时间增加。任意时刻的非生态性偏差存量等于所有当前释放和以往存在的累积之和。

5.3.3 非生态性偏差存量危害的稳态分析

下面来定义目标函数。我们已经限定在稳态、各期非生态性偏差释放量 M 相同等条件下寻求最优非生态性偏差水平。

对于任一时期，修饰性作物生产的净效益（NB）等于非生态性偏差所获效益 B 与非生态性偏差损害 D 之差，即：

$$NB = B(M) - D(A) \tag{5-5}$$

等式右边是两个变量的函数，在稳态时，有 $A = \frac{M}{\alpha}$，因此，可以写成：

$$NB = B(M) - D(\frac{M}{\alpha}) \tag{5-6}$$

因此，依据环境经济学的环境危害控制原理，稳态、各期最优非生态性偏差水平问题的目标就是求 M，以使下式最大化（罗杰·珀曼等，2002）：

$$\int_{t=0}^{t=\infty} (B(M_t) - D(A_t))e^{-rt}\,\mathrm{d}t \tag{5-7}$$

式中，r 为贴现率。若满足 $\frac{\mathrm{d}A_t}{\mathrm{d}t} = M_t - \alpha A_t$

该问题当期值的哈密尔敦（Hamiltonian）函数为

$$H_t = B(M) - D(A_t) + u(M_t - \alpha A_t) \tag{5-8}$$

式中 u 代表单位量非生态性偏差环境释放的价格，即影子价格。它是一种特殊的价格，即修饰性作物品种商品化的社会成本。影子价格是在方案优化的过程中产生的，所以 u 可以看作是在社会净效益最大化时，单位释放的均衡价格或边际社会价值。由于非生态性偏差通常被认为是不好的，影子价格也将为负值（$-u$ 为正值）。

为了简化，省略时间下标。最大化的必要条件为：

$$\frac{\partial H}{\partial M} = 0\text{，即 }\frac{\mathrm{d}B}{\mathrm{d}M} + u = 0$$

$$\frac{\mathrm{d}u}{\mathrm{d}t} = ru - \frac{\partial H}{\partial A} = ru + \frac{\mathrm{d}D}{\mathrm{d}A} + \alpha u$$

最优解的必要条件为：

$$\frac{\mathrm{d}B}{\mathrm{d}M} = -u$$

$$\frac{\mathrm{d}u}{\mathrm{d}t} = \frac{\mathrm{d}D}{\mathrm{d}A} + (\alpha + r)u$$

即：

$$\frac{\mathrm{d}B_t}{\mathrm{d}M_t} = -u \tag{5-9}$$

$$\frac{\mathrm{d}u}{\mathrm{d}t} = \frac{\mathrm{d}D_t}{\mathrm{d}A_t} + (\alpha + r)u \text{ 即：} -ru = -\frac{\mathrm{d}u}{\mathrm{d}t} + \frac{\mathrm{d}D_t}{\mathrm{d}A_t} + \alpha u_t \tag{5-10}$$

由于稳态条件下，所有变量都是时间的常数，所以 $\frac{\mathrm{d}u}{\mathrm{d}t} = 0$。

最优解的必要条件为：

$$\frac{\mathrm{d}B}{\mathrm{d}M} = -u$$

$$-ru = \frac{\mathrm{d}D}{\mathrm{d}A} + \alpha u_t \text{ 或 } -u = \frac{\frac{\mathrm{d}D}{\mathrm{d}A}}{r + \alpha}$$

条件 $\frac{\mathrm{d}B}{\mathrm{d}M} = -u$ 和 $-u = \frac{\frac{\mathrm{d}D}{\mathrm{d}A}}{r + \alpha}$ 说明净效益最大化要求这两部分应与 $-u$ 相等。因此这两部分也应彼此相等，合并 $\frac{\mathrm{d}B}{\mathrm{d}M} = -u$ 与 $-u = \frac{\frac{\mathrm{d}D}{\mathrm{d}A}}{r + \alpha}$ 可得：

$$\frac{\mathrm{d}B}{\mathrm{d}M}=\frac{\frac{\mathrm{d}D}{\mathrm{d}A}}{r+\alpha} \tag{5-11}$$

这是我们所熟悉的效率边际条件，此时，效率条件要求每增加一个单位非生态性偏差的边际净效益的现值等于增加该非生态性偏差导致的未来净效益损失的现值。

等式 $\frac{\mathrm{d}B}{\mathrm{d}M}=\frac{\frac{\mathrm{d}D}{\mathrm{d}A}}{r+\alpha}$ 左边部分表示非生态性偏差的释放率增加一单位带来的当前净效益的增加。这个边际效益只发生在当期。相反，$\frac{\mathrm{d}B}{\mathrm{d}M}=\frac{\frac{\mathrm{d}D}{\mathrm{d}A}}{r+\alpha}$ 的右边部分代表非生态性偏差增加一单位带来的未来净效益损失的现值。由于，$\frac{\mathrm{d}D}{\mathrm{d}A}$ 一直都将存在，它是一种永久性年金的形式（只不过该年金对效用产生的影响是负影响）。为了得到年金的现值，我们将每年的非生态性偏差释放量 $\frac{\mathrm{d}D}{\mathrm{d}A}$ 除以贴现率 r 。同时由于非生态性偏差每年在不断消减，除数部分还应加上 α 。如果非生态性偏差存量允许增加，稳态下消减的数量也应按存量规模增加的 α 倍增加，从而减小损害的程度。因为，α 与贴现率的作用和意义相同，非生态性偏差消减的速率越大，适用于年金的有效贴现率也越大，它的现值就越小。

当然，直接从上式得出这个结论可能比较费解，下面我们将逐步分析。

为了分析等式 $\frac{\mathrm{d}B}{\mathrm{d}M}=\frac{\frac{\mathrm{d}D}{\mathrm{d}A}}{r+\alpha}$ 的一些特例，我们做如下

改写：

$\frac{dD}{dA}=\frac{dB}{dM}\times\alpha+\frac{dB}{dM}\times r$，可演变成 $\frac{dD}{dA}\times\frac{1}{\alpha}=\frac{dB}{dM}+\frac{dB}{dM}\times\frac{r}{\alpha}$

现在，假定稳态下，等式 $\frac{dD}{dM}=\frac{dB}{dM}$ 成立，则有：

$$\frac{dD}{dM}=\frac{1}{\alpha}\frac{dD}{dA}$$

由此，可将式：$\frac{dD}{dA}\times\frac{1}{\alpha}=\frac{dB}{dM}+\frac{dB}{dM}\times\frac{r}{\alpha}$，改写成：

$$\frac{dD}{dM}=\frac{dB}{dM}+\frac{dB}{dM}\times\frac{r}{\alpha}；或 \frac{dD}{dM}=\frac{dB}{dM}(1+\frac{r}{\alpha})$$

根据 $r=0$ 或 $r>0$ 和 $\alpha=0$ 或 $\alpha>0$ 可以得出以下四种特例：

表 5-2 作物资源非生态性偏差存量危害的四种特例

贴现率变化	非持久性非生态性偏差	完全持久性非生态性偏差
$r>0$	特例 C	特例 B
$r=0$	特例 A	特例 D

现在来看四种特例情况：

情况 A：

假定 $\alpha>0$，非生态性偏差非完全持久性，将逐渐消减变成无害的形式。由于 $r=0$，成本和效益都无须贴现。等式 $\frac{dD}{dM}=\frac{dB}{dM}(1+\frac{r}{\alpha})$ 简化成：$\frac{dD}{dM}=\frac{dB}{dM}$

上式表示，存量非生态性偏差的有效稳态释放率要求单位非生态性偏差对效益的边际贡献等于单位非生态性偏差对损害的边际贡献。由于 $\frac{\mathrm{d}D}{\mathrm{d}M}=\frac{1}{\alpha}\frac{\mathrm{d}D}{\mathrm{d}A}$，我们还可以写成

$$\frac{\mathrm{d}D}{\mathrm{d}M}\times\frac{1}{\alpha}=\frac{\mathrm{d}B}{\mathrm{d}M}$$

上式表示，非生态性偏差单位释放对环境损害的边际贡献应等于增加单位非生态性偏差存量导致的损害除以 α 的值。无贴现情况下非完全持久性存量非生态性偏差的稳态均衡：当排放稳态非生态性偏差 M 时，净效益最大，存量 A 应已经达到 $\alpha A=M$，非生态性偏差存量和释放量都保持恒定，不随时间变化。

情况 C：

假设 $r>0$，$\alpha>0$ 并假定情况 A 所得出的边际相等的条件仍然成立，但由于此处贴现率为正值，需对该条件进行修正。由于贴现率大于零，贴现使得稳态释放水平增加。之所以出现这种现象，是因为贴现率 r 的增大使与非生态性偏差存量有关的未来损害的现值减小了，因此，贴现率 r 越高，与未来成本相关的当前效益的权重就越大。但也应看出，随着 r 值的升高，单位非生态性偏差释放的影子价格也升高。

情况 B 和 D（当 $r>0$，$\alpha=0$ 和 $r=0$，$\alpha=0$）：

$\alpha=0$，说明情况 B 和 D 都是针对不会消减为无害形式的完全持久性非生态性偏差而言的。因为等式 $\frac{\mathrm{d}D}{\mathrm{d}M}=\frac{\mathrm{d}B}{\mathrm{d}M}\left(1+\frac{r}{\alpha}\right)$ 无法定义 $\alpha=0$ 的条件（数学运算中零不能做分母）。这表明，没有任何正的有穷的稳态释放水平是有效的，唯一可能的稳态释放水平是零。只要释放为正，存量必然增加，存量的损害也将无限增加。

这个结论说明，任何产生有害的完全持久性非生态性偏差的行为都不应无限期持续。在未来有限的时间内，必须实施技术转换以停止非生态性偏差的释放。如果做不到，就必须直接禁止释放行为。同时，也可以采取未来补偿或一些人工减少非生态性偏差的办法。

当前，虽然对作物种质资源的人为修饰产生的非生态性偏差对环境的破坏内涵和程度进行数量化界定尚较为困难，但作为种质运筹者，当代利益的创造者和美好环境的管理者，应从资源的可持续利用和环境的健康发展的角度从事科学探索和生产活动。

作物资源的非生态性偏差表现为当代人的主观意愿作用于种质资源的人类干预力，因此应加强对作物资源非生态性偏差的控制。对于作物资源非生态性偏差控制手段的选择可根据区域发展的需要，采取费用效率和费用有效的偏差削减手段、偏差释放控制手段、经济刺激手段等多种方式，维护环境的自然发展。

5.4 转基因作物的生态困境及对“实质等同”原则的质疑

5.4.1 转基因作物的生态困境

转基因作物作为植物基因工程技术应用的主要成果，一诞生就表现出超然的生命力。2010 年，全世界范围内的转基因作物的播种面积已达到 8 984 万公顷。但转基因作物的推广和商品化仍然是富含争议的话题，特别是涉及用于人畜食物主要来源的粮食作物，存在着很大分歧，其分歧的根本在于转基因作物可能的潜在生态危害。对于转基因作物的潜在生态危害究竟能否发生以及发生的范围和程度多大，辩论的正反双方都无确凿的证据和强有力的依据，这就使转基因作物陷入了生态困境。转基因作物的这种生态困境的产生根由可用作物资源非生态性偏差的生态学理论加以分析。转基因作物的发生属于人类改造造成的胁迫类型非生态性偏差，该类非生态性偏差的制造宗旨是利用基本成型的现代基因工程手段进行传统育种技术的改造，加强遗传信息的传递，促进满足人类更高需求的作物品种的诞生。如果要界定该类非生态性偏差的存在区域，其应该在 $m \sim n$ 区间更接近 n 值的范围内（见图 5－1）。对于转基因作物如何走出生态困境，唯一的方法还是减缓转基因作物的“工业化”进程，加速对其相关方面的认知，用权威的检测手段和监测结果铺平其进入工业化车间的道路。

5.4.2 对“实质等同”原则的质疑

由于国家之间的差异，关于转基因植物的食品安全性评价至今还没有一个全球公认的方法程序。目前推出的安全性评价方法基本上都属于“实质等同性”（SE，Substantial equivalence）原则。2000 年 FAO/WHO 的联席会议给“实质等同性”作了一个最新的定义，指转基因生物与自然存在的传统生物在相同条件下进行性状表现的比较。如转基因大豆与传统大豆比较其生理性状、分子特征、营养成分、毒素含量和过敏原等是否具有等同性。如果实质上是相同的，即应同样对待，视为安全。值得提出的是“实质等同性”本身不是一种安全评价方法，而是一种动态的比较过程。Sylvie

Pouteau（2002 年）在其题为“The Food Debate：Ethical versus Substantial Equivalence”的文章中认为，完善“实质等同”原则需使其除了用“物质（substance)”为衡量标准外，还应纳入“质量（quality)”、“伦理（ethics)”要素。对于转基因植物及其制品的安全性评价必须依据导入基因的目的意图和固有性状、意外效果做出检测与评价，然后与传统植物进行比较。

笔者也认为“实质等同”原则具有较大的片面性，其恰恰反映出人类对转基因作物表现认知的欠缺。之所以提倡对转基因作物采取积极的态度和现代化的手段进行监测和评估，就是为了揭示作物生态系统家族这一新成员的稳定性、安全性和无害化程度。最根本的目的是为这一新成员合法进入生态把好准入关。而要对我们生存的环境负责，为我们的后代负责，就应采用安全的评价方法，而不是比较过程。

“实质等同”具有两点非科学化的表现：第一，“实质等同”原则只从表现上将转基因作物与传统作物进行比对，忽略了可能发生的内在互作机制，这种基因与环境、基因与物种、基因与基因的内在互作机制的无认知往往导致民众的惊怕（哪怕是无根本性伤害的结果），从而引起恐慌，这反而会阻碍转基因作物的商品化和推广；第二，“实质等同”原则，只从结果上与传统作物的指标作一系列的比对，容易忽略必须做长时期检验才能发现的潜在的危害域，而这种危害很可能产生生态的致命性影响。例如，农药“六六粉”的出现和使用就是人类创造新成员轻率进入生态的典型例子，人们竟从遥远南极的企鹅的体内发现了“六六粉”残留样。

所以，对转基因作物进行系统的安全检测、环境评估和毒性试验，不断完善评价指标和体系，不但是生态安全性的需要，更是转基因作物得以顺利进入市场的需要。

许多专家曾拿转基因作物品种与传统作物品种比较，认为常规培育品种同样存在很多隐患，不也被推广了吗？这样的论断是正确的，常规育种技术盲目的选择已经造成现有栽培作物品种的系谱狭窄。遗憾的是这样的论断，是建立在常规育种近千年的历史基础上的。但愿转基因作物的可能生态危害不是在其存在和发展千年后才被认识。

6

作物种质资源伦理与代际财富转移

资源伦理，是指在社会发展中人类和资源的伦理关系，是处理人类与资源关系的价值判断和理性选择（梁学庆等，2003）。当人类改造自然能力十分有限，资源利用活动不足以危及资源再生能力和环境生态质量时，资源利用伦理主要用于协调同代人之间的关系，帮助实现人类利益分配的代内公平理念（牛文元，1998）。随着人类社会经济活动中激化矛盾数量的增多，需要伦理协调的关系及范围也在扩大。作物资源具有特殊的人类改造属性，所以分析人与作物资源的伦理关系具有特殊的意义。人改造自然，抗拒自然的制约，同时也在破坏自然，破坏人类自身生存与发展的基础（周光召，1998）。因此，建立现代生物技术条件下的作物资源伦理观念是极其必要的，是维护生物资源安全性和多样性的需要，是人类自身延续和人类与自然和谐发展的需要。

作物资源伦理的宗旨是维护作物资源的生态性、安全性以及自然的可持续发展，选择并形成有利于节约作物资源和保护作物资源的产业结构。如植物基因工程是在分子水平上定向重组遗传物质，改良植物性状，培育优质高产作物新品种的分子育种技术，其作用于作物生态系统的明显特征是人的主观因素的比重进一步加大，有悖于自然的激化矛盾的数量有所增加。因此，植物基因工程中作物资源开发应该遵循一定的伦理原则，这是作物资源生态性存在的内在要求，也是作物资源开发安全性的需要。作物资源是一种生态性存在，生态是作物资源的存在本性。

作物资源是从由自然、社会、人组成的生态系统中选取出来的可资利用的资源，作物资源也是生态系统的一部分。分门别类的作物资源共同构成了作物资源生态系统。随着现代生物技术手段的发展，在人类主观能动因子的作用下，作物资源生态系统不断发生着生物信息与遗传物质的转换。正是在这种转换的过程中，又不断产生许多新的资源形态，丰富和扩展了作物资源生态系统，但进一步加重了作物生态系统的人类主观倾向性改造，打破了作物属于自然生态的自然性。

6.1 作物资源代际伦理的提出

作物种质资源为作物新品种的选育和开展作物生物技术研究提供了取之不尽的基因来源，作物种质资源的急剧减少甚至灭绝，对我国作物生产和育种的长远发展将带来不可估量的负面影响，对生态环境和安全的破坏也是致命的、无法挽回的。物种的消失，意味着这些物种所携带的遗传基因随之消失，而目前人类还不可能创造这些基因，这将大大增加自然生态环境的脆弱性，并将大大降低自然界满足人类及生物圈其他动物需求的能力。对作物种质资源若不及时保护和合理利用，必将威胁到人类自身的生存，因此，作物种质资源是国家乃至全球的战略性资源，保护作物种质资源就是保护人类自己。

持续发展理论是代际间伦理表现形式之一，持续发展理论要求我们，在开发利用作物资源时，不仅仅考虑当代人的需求，还必须兼顾后代人的利益，这显然是一个伦理问题。在人类社会再生产的漫长过程中，同我们相比，后代人对作物资源应该拥有同等或更美好的享用权和利用权。当代人不应该牺牲后代人的利益换取自己的满足，应该主动采取“财富转移”的政策，为后代人留下宽松的资源利用空间，让他们同我们一样拥有均等的发展机会。

6.1.1 作物资源的稀缺性

稀缺是资源的一种经济特性，是伴随着资源的自然有限(limitedness)而提出来的。资源最本质的属性之一是有限性，资源的有限性是自然界赋予资源要素在数量上与质量上的自然属性（曲福田，2001）。作物种质资源间生物信息和遗传物质的转变和重组可以产生用于种植业生产的产品源——作物品种，其能为人类的生存发展提供物质服务和享受，所以作物资源涉及供需关系和价值、价格，因此具有稀缺性。回顾人类社会几千年的种植业生产，能为人类提供能量来源、物质享受的作物种类屈指可数。

自古以来农民是作物遗传资源的监护人，而现在越来越多的作物种质则被保存在基因库里。基因库拥有植物育种家随时可以取到的种质样品。同时，还存有现在已不再种植的传统品种以及由于农业或其他产业的发展而可能濒临灭绝的野生近缘植物的群体。保存在自然生境下的野生物种是基因库强有力的补充。

目前，正在进行的作物遗传多样性的保存工作是全球性的，包括国际性、地区性和国家机构、公众和私人组织。每年用于作物种质资源保存的经济投入也是惊人的，这恰恰在另一方面体现了作物种质资源作为自然资源之一的稀缺性。

作物资源的稀缺性是客观存在的事实，也是客观规律或自然法则，因此在社会经济发展的进程中，应该追求并实现人与作物资源的和谐共处。在利用作物资源时，务求珍惜和节约。特别是在人口增长和社会生产力不断发展的条件下，对作物资源的需求越来越大，其稀缺性日趋明显，这就要求必须尊重和遵循自然规律来合理开发利用和优化规划经营。

6.1.2 作物资源的首次原始回归

原生态的作物资源起源于高级植物，作物资源生态系统不断地进行着自然选择和人类系统选育，随着人类对栽培对象及其生境认知的深入，人类的干预力超越了自然选择，促使作物资源生态系统向满足人类需求的种群最大化演变，系统的丰度、盖度不断加大。人类作用于作物生态系统的生态足迹是系统丰度不断加大的主动力之一。但自 20 世纪二三十年代以来，人类经济活动、社会活动的膨胀，加之农业生产活动的主观选择性和盲目性，使全球范围内出现作物种群丰度下降和遗传多样性降低的现象，我们称其为作物资源的“首次原始回归”。这是作物资源开始衰退的初级表现，说明人类的干预力已远远凌驾于自然法则之上。自然力与顺应自然力的人类干预力完美结合是作物生态系统不断健康发展的动力源泉，单纯地自然力会产生唯自然的原始与荒芜，单纯地强调人类干预会造成因缺乏自然法则约束的生态创伤。以上的两个极端都是不可取的，如何把握人类行为的尺度，促进作物资源的健康发展、维护人与自然的和谐进步至关重要。

现代生物技术手段的出现，使人类运用科技手段在分子水平上进行作物遗传信息的交流成为可能，人类主观能动性进一步加大。在缺少同步认知与管理的情况下，必定出现遗传信息交流的杂乱性与无序性。现代生物技术这场前沿革命已经表现出加速作物资源遗传多样性丧失的苗头。

6.1.2.1 人类活动对生物多样性丧失的影响

今天，人类对环境影响的规模和强度已经导致日益严重、愈加广泛的生境的退化和片段化，并由此产生了一系列物种及遗传多样性丧失的危机。很明显，在过去的 2～3 个世纪中，人类对生物多样性，以及生态系统的改变、经营和利用的规模产生了最广泛和最深刻的影响，以至于我们可以认为地球上几乎不存在完全未受到“干扰”的净土（Heywood 和 Iriondo，2003）。随着人类社会的快速发展和进步，人类的社会经济活动对自然环境造成了越来越严重的破坏，对野生生物的生活和繁衍产生了巨大的压力。人类对自然界的干扰和破坏已经成为影响生物灭绝的主要因素之一。事实上，人类对大多数物种丰富地区的环境破坏活动正在加速，生境破坏已经成为生物多样性丧失和物种灭绝的主要原因（Pimm 和 Raven，2000）。并且，从特定意义上说，目前，我们正处在另一个集群灭绝时期，原因就是人类造成了生境的毁坏和环境的污染（Mayr 著，田沼译，2003）。

遗传多样性是指种内基因的变化，包括种内显著不同的种群间和同一种群内的遗传变异，也称为基因多样性。关于转基因植物对作物遗传多样性的影响，有观点认为，转基因植物（起码是现在这一代的转基因植物）的引入和发展对作物遗传多样性存在着负面的作用。Altieri（2005）认为，转基因作物的引入，使为数不多的几家大型生物技术公司控制和垄断了种子和生物技术市场，大大减少了作物种植类型和品种数量，加剧了作物系统品种简单发展的同时，也加剧了作物遗传多样性的流失。绿色革命期间，作物品种的开发还未受制于现代农业生物技术，因而不妨碍农民对种子的保留和试验，那时作物遗传多样性的丧失还不至于像近期这么严重。Gupta 认为，获得品种知识产权的高成本抑制了民间品种繁育者的积极性，破坏了生物多样性的保护（戴海英等，2006）。

6.1.2.2 自然选择和传统育种中的人为选择

农作物种质资源种群可以发生自然选择。之所以发生这种情况，是由于它们繁殖过程中的遗传组合各不相同。对某种环境适应很好的表现型的生存率比适应不太好的表现型要高，因此它们的基因在种群中的频率会一代一代地增加。优势基因型对于包括作物管理措施在内的当地条件有较强的适应性。例如，对气候的变化或极端温度的耐受性；对病害、土壤 pH 值、铝或重金属毒害及养分缺乏等因素的适应性。在多数情况下，能够看到的是原始种群与选择种群的逐渐趋异现象。地三叶草在全澳大利亚迁移期间就经历了这类选择（Gladstones，1967）。自然选择产生了优势种，也常常淘汰包含优质性状的珍贵种。

传统的育种选择往往导致重要性状的丢失，传统育种选择首先建立一个试验标准，借以确定具有特定形状的表现型，其目的是要把有利或不利基因型从种群平衡中分离开来。在选择中存在潜在危险性，人为的筛选标准的片面性可能导致对理想性状的忽略从而产生丢失。在20世纪20年代，美国的甜菜业依赖从德国进口种子，由于周围荒草的叶蝉传播的卷顶病毒，美国西部各州甜菜的产量下降了一半。美国农业部通过从农民田中收集无此病状的植株进行育种，希望解决这个问题。多年以后，用选出的种群与原始的德国品系在控制环境中的无病毒条件下进行比较发现，原始品系在春季冷凉天气中生长迅速这一重要能力已经在筛选设定的条件下丧失（Ulrich，1961）。

另外，传统育种中，人为选择的功利性也会产生种质资源的遗失。20世纪70年代，黑龙江省玉米育种方向为追求产量，马齿型品种一度唱主角，造成部分农家种和许多角质型优质品种淘汰，加之收藏和保存不及时，品种遗失现象十分严重。

6.1.2.3 优势作物的生态选择与相对生存力

优势作物在生态位上同原有的土著或本土物种争夺资源，应该具有较强的抗环境压力或胁迫优势，产生与常规自然选择的差异相比超然的竞争性。作物生态选择中的生存表现能力，可以用繁殖率表示，叫做生存势（Survival Ability）。

优势作物的生态选择之所以发生，是因为在特定环境下优势作物生长良好，繁殖率高，以至在以后的世代中它们的后代较多。每个基因型的繁殖率可用收获的种子与播种的种子之比直接算出来，而这两个组成成分（基因型）的繁殖率之比就称为相对生存势（α）。成分A相对于成分B：

$$\alpha_{AB}=\frac{Y_A/P_A}{Y_B/P_B}=\frac{Y_AP_B}{Y_BP_A} \quad (6-1)$$

式中，Y 和 P 分别代表收获的和播种的种子数。如果把上一代收获的种子用作下一代的原种，且 $\alpha_{AB}>1$，那么 A 在混作后代中的频率就会随世代增多而增加。如果 $\alpha_{AB}<1$，A 在后代中的频率就会下降。把式（6－1）转换成对数形式再重新整理，该式就会表现出有用的线性特征：

$$\log\alpha_{AB}=\log(Y_A/Y_B)-\log(P_A/P_B) \quad (6-2)$$

由 log（收获量比）对 log（播种量比）的解释，更容易理解混作中是如何一代代变化的。如果 $\alpha_{AB}>1$，混作就不稳定并向纯 A 方向发展；如果 $\alpha_{AB}<1$ 则向相反方向发展。在某些情况下，随着混作中 A 与 B 比例的变化，α_{AB} 也会发生变化。这种混作可能稳定，也可能不稳定。

这一分析方法适用于任何混作作物群体的竞争力分析，无论是一个特定种群中不同基因型的混作，还是不同种的混作。

生态学家认为，转基因作物是非自然进化的物种，它们都具有很强的“选择优势”，可以取代原来栖息地上的物种，最终导致区域生态的结构变化，继而引起一些连锁反应，进而影响以原来植物为食的植食性昆虫、天敌、昆虫捕食者（如蜘蛛、瓢虫、鸟类等）的分布和生长发育。在生存竞争中，转基因作物可能会给已有的动植物带来很大的灾难（万年峰等，2006）。

6.1.2.4 植物基因工程中“创造类作物资源”的增加和“原生态作物资源”的丢失矛盾论

作物资源是从由自然、社会、人组成的生态系统中选取出来的可资利用的资源，作物资源是一种生态性存在，生态是作物资源的存在本性。根据作物资源的产生形式，我们把作物资源划分成三类：最初的作物资源是人类经简单驯化进行生产栽培的原生态高级植物资源，为“原生态作物资源”，其包括人们早期挑选的普通作物品种，也包括可用于育种的野生近缘植物；后经常规育种手段改造，产生了部分满足人类各种需要的“次生态作物资源”，次生态作物资源包含有人类的倾向性因素，但总体属于基因的垂直传递，仍然在自然生态系统的原始框架内发生遗传信息交流；随着现代生物技术的发展，植物基因工程技术被引入到育种生产中，在作物资源集合内诞生了许多通过基因工程手段创造的新资源，这些资源往往是由基因的水平传递产生的[①]（田兴军，2005），打破并跨越物种间的隔离机制，我们称其为“创造类作物资源”。

作物在长期进化过程中，除自然选择外，还经历了两次大的人工选择，即人工驯化选择和育种选择，使栽培种与野生种之间、现代品种与古老的地方品种之间在群体遗传结构及性状上形成了很大的差异。在基因组中，一些承受强选择作用的基因在群体中的多样性显著降低，同时这些基因附近区域的遗传多样性也明显下降。在遗传学中将这种对个别基因的选择导致其侧翼区域遗传多样性降低的现象称之为选择牵连效应（Hitchhiking effect，也称选择搭载效应）（张学勇等，2006）

① 垂直基因传递（vertical gene transfer，VGT）是生物界普遍存在的DNA传递方式，其对生物多样性起重要作用。基因的水平传递（horizontal gene transfer，HGT）又称侧向基因传递，是指在远缘生物个体之间，或单个细胞内部细胞器之间所进行的遗传物质的交流。

作物资源，尤其是同一作物的不同的品种资源，在代际转移过程中会发生丢失，特别是 a 代人在利用现代生物技术如植物基因工程手段改造作物时，原始的不符合当代人利益价值取向的品种资源会在育种和生产选择中遭淘汰，许多对于 $a+(n-m)$ 代人具有较高价值的作物资源，会被 a 代人通过创造性技术手段淘汰，造成原生态作物资源丢失。a 代人的主观倾向性和选择的片面性是造成原生态作物资源流失的主因，其次，转基因作物在生态位上同原有的土著或本土物种争夺资源，具有较强的抗环境压力或胁迫优势。这就是创造类作物资源的增加和原生态作物资源的丢失矛盾论，见图 6－1：

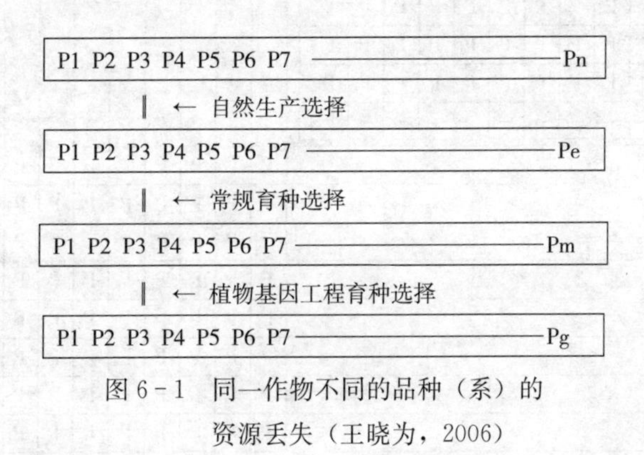

图 6－1　同一作物不同的品种（系）的资源丢失（王晓为，2006）

上图中 P 为某一作物，$1\sim n$ 为品种和品系在作物资源空间库中的生态位点，现实生活中，$g<m<e<n$ 的趋势非常明显，作物的品种多样性减弱，品种资源丢失。在人类作物栽培史上，$n\sim e$ 范围内的作物资源流失属于资源伦理范畴内允许发生的资源丢失，$e\sim g$ 范围内的作物资源流失属于资源伦理内不允许发生的资源丢失。作为描述自然界多样化程度的多样性是所有生命系统（living system）的基本特

征，其是时间和空间的函数。假设在作物生态系统内存在作物品种资源空间库，从图 6 - 2 中可以明显地看出经一定的时间和空间耦合后（T 代表时间，S 代表空间），作物 P 的品种资源空间库生态位点的缺失。

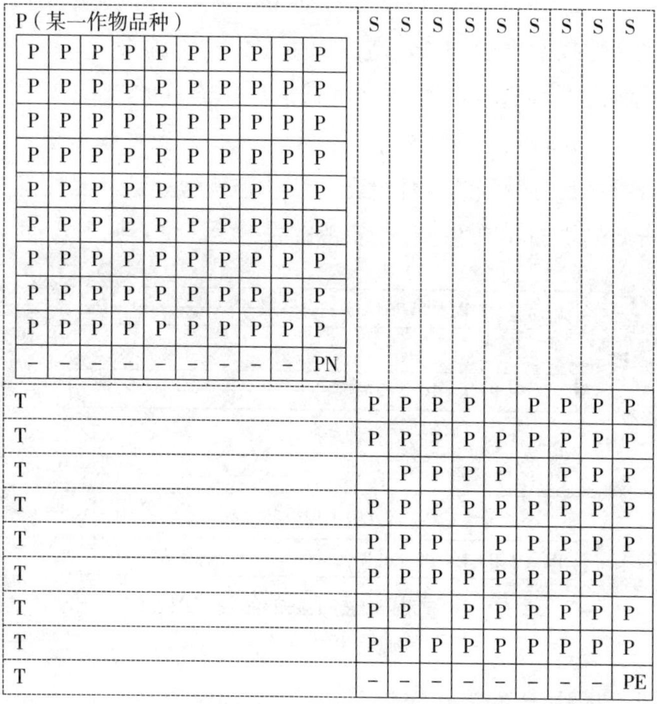

P（某一作物品种）										S	S	S	S	S	S	S	S	S
P	P	P	P	P	P	P	P	P	P									
P	P	P	P	P	P	P	P	P	P									
P	P	P	P	P	P	P	P	P	P									
P	P	P	P	P	P	P	P	P	P									
P	P	P	P	P	P	P	P	P	P									
P	P	P	P	P	P	P	P	P	P									
P	P	P	P	P	P	P	P	P	P									
P	P	P	P	P	P	P	P	P	P									
P	P	P	P	P	P	P	P	P	P									
–	–	–	–	–	–	–	–	–	PN									
T										P	P	P	P		P	P	P	P
T										P	P	P	P	P	P	P	P	P
T											P	P	P	P		P	P	P
T										P	P	P	P	P	P	P	P	P
T										P	P	P		P	P	P	P	P
T										P	P	P	P	P	P	P	P	
T										P	P		P	P	P	P	P	P
T										P	P	P	P	P	P	P	P	P
T										–	–	–	–	–	–	–	–	PE

图 6 - 2　作物 P 品种的资源空间库生态位点的时空演替

为什么会发生作物品种资源空间库时空演替过程中的个体缺失？主要是因为作物资源属于自然生态的一部分，其在进行着自然选择的同时，还进行着作物资源属于人类生产和改造对象的人的主观倾向性选择。人类的主观倾向性选择加速和强化了作物品种资源空间库生态位点的遗失。

6.2　作物种质资源核算与价值评估

价值评估是在产权利益主体变动的前提下，在综合评估的基础上，以计算科技成果转化后的获利能力及所能产生的收益为基础，根据特定的评估目的的科技成果资产在评估基准日的现行公允值。农业生产可持续发展的本质含义是维持不变或增加资本存量，作物种质资源是其中不可替代的关键性资本。在现代生物技术高度发展的今天，满足当代人基本生活需求和生产需要以及物质享受是以作物种质资源的丢失和遗传多样性的减少为代价这一趋势越来越明显。人类主观倾向性选择会造成作物资源的高度一致性，这必将造成种质资源的极度脆弱，使得创造性作物资源的数量增加，加速了原生态作物资源的丢失，却难以提高作物种质资源的整体价值，作物资源的危机会日益加重。为避免这种危机的加重，有必要进行作物种质资源的核算（包括实物量和价值量核算），为种质资源的可持续利用和农业的可持续发展提供新的衡量指标与决策依据。

6.2.1　开展作物种质资源价值核算与评估的意义

种质资源是人类生存与现代文明的基础，目前很多国家都开始重视种质资源的价值评估问题，认识到对种质资源进行评估是对其进行有效保护与利用的前提和基础。受全球环境问题及人口问题的严重威胁，自然资源价值日益受到关注，作物种质资源的多种功能价值也越来越受到人们的重视。如何正确认识作物种质资源的价值，将改变以往人们对包括种质资源在内的自然资源无价论的认识，促使人们从资源取之不尽、用之不竭到资源稀缺、资源有价观念的转变。另外价值评估将促进作物种质资源开发与保护工作，使之开发合理化、消费适度化，并为决策部门提供作物种质资源价值和惠益公平分享的理论依据，对进一步制定有关保护、保存、增殖作物种质资源的法规、规章、制度，确保作物种质资源的可持续利用，以及作物种质资源的市场化运作提供依据。

新中国成立 50 多年来，我们在作物种质资源考察、收集、鉴定、保存和利用方面做了大量的工作，但是，至今对于这些种质资源的经济价值尚没有确切评估，因而影响了国家对作物种质资源的研究、开发决策及保护、利用规划。另外，由于过去人们长期对种质资源无价值的认识，造成公众对种质资源保护的意识落后，管理不到位，使国家的种质资源及其相关产权流失十分严重。由于不具备有效的价值评估体系，相应的产权保护体系也未能建立，在国际交往中，不能充分发挥我国种质资源的优势，反而在作物种质资源知识产权上受制于人，往往付出高昂的代价。在种质资源的获取和利益分享方面我国也不具备有效机制，从而影响了作物种质资源的获取和有效利用。如，美国孟山都公司从源自中国上海的 1 份野生大豆种质资源中发现了高产基因，在世界范围内申请专利，试图限制包括中国在内的 100 多个国家对该材料的使用（徐海根、王健民、强胜等，2004）。因此只有对种质资源价值进行合理评估，明确其经济价值，建立其产权保护制度，才能在国际交往中占据主动，充分发挥我国作物种质资源的优势，并分享外国利用我国作物种质资源创造的商业利益。

因此，价值评估不但可以提供作物种质资源定价的理论、方法、案例，促进进一步开展依法、公平、有价交易的进行，确保作物种质资源主权方的利益，而且对维护国家和地区的粮食安全，对促进作物种质资源价值评估方法的规范化都具有理论意义和重要的经济意义。

6.2.2 作物种质资源核算的理论框架

造成作物种质资源丢失和遗传多样性减少的原因很多，但从经济学角度分析，主要是由于作物种质资源的价值体现不明显，遗传多样性等质量因素被忽略甚至扭曲。正是对品种价值取向是短期的、时代性的这一特点，导致了作物栽培种淘汰和丢失的高频率，造成了作物种质资源的极大浪费。针对这一问题而提出的作物资源核算，就是要求在调查、评估作物种质资源数量向量之一的实物量核算基础上，用货币方法将作物遗传资源的价值量化，同时进行作物种质资源质量向量的评价，并把作物资源的价值及其质量变化量纳入现行的国民经济管理体系，并据此做出作物种质资源现状、消长变化、未来趋势和对未来农业经济发展保证程度态势的预测，以此来修正作物种质资源管理策略和财政资金投入机制，使之能更准确地衡量、评价和维护作物资源的可持续利用和农业的可持续发展。此外，对作物种质资源核算这一操作工具的应用，将有助于作物种质资源的文库建设和种质资源有偿使用制度的建立，为作物资源价格、代际资源财富量减少补偿、转基因作物资源的生态安全性论证提供信息基础和判别标准。

为实现上述目标，作物资源必须进行包括实物核算和价值核算在内的数量向量核算和质量向量核算两方面。首先实物核算要求了解作物遗传资源总量和某一种群的变化状况，在此基础上，采用科学评估方法确定不同种质资源类别的价格，将作物资源价值及其遗传多样性等质量向量用货币量化，这就是作物资源价值核算所要完成的工作（图 6-3）。

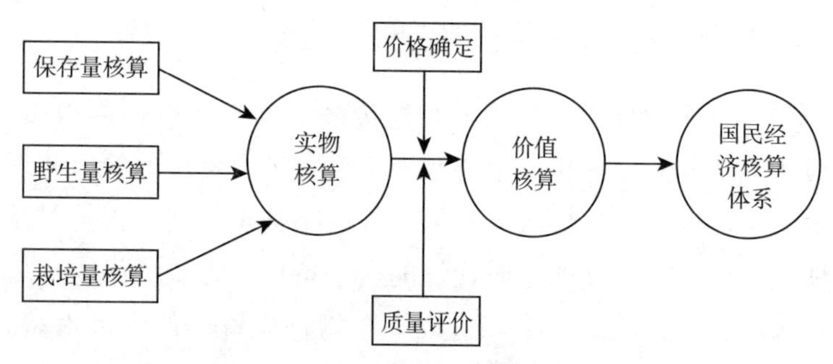

图 6-3　作物种质资源核算具体框架

6.2.3　作物种质资源的核算

作物遗传资源是一种相对静止的动态资源。鉴于作物资源的自然属性和社会功能属性，对作物种质资源的核算应从两个方面去理解：

（1）实物量核算、价值量核算和质量指数核算。作物种质资源核算包括作物资源实物量核算（physical accounting）和价值量核算（value accounting）两个部分。实物量和价值量核算统称为数量向量核算。为了更全面地反映作物种质资源基础的真实变化，作物种质资源核算还应包括资源质量指数核算（quality index accounting），即质量向量核算，具体指种质资源的抗病虫性、环境适应性、品质特性和遗传多样性（主要用于某一作物）评估。在作物资源核算中，实物量核算、价值量核算和质量指数核算同等重要，缺一不可，互为基础、互为补充。

（2）个体核算和总体核算。从核算对象的角度来看，作物资源核算由总体核算（overall accounting）和个体核算（individual accounting）两部分组成。总体核算包括作物资源的种群实物量、价值量的核算，质量指标的核算（即遗传多样性等的核算）；个体核算指单一作物品种或材料的核算，指建立在质量（即抗病虫性、环境适应性、品质特性）评估基础上的价值量确定。

6.2.3.1 作物种质资源的数量向量核算

我国有关自然资源价值及其价值核算的理论已有很多，探索和建立了一些基本的方法和模型，为经济决策及产业规划提供了科学依据。但是直到目前，针对作物种质资源的价值评估工作刚刚起步。作物种质资源的价值评估就是反映作物种质资源的属性与人类需要之间的价值关系。在经济学中，将生物资源看成是公共物品或非市场物品而对其进行评价的观点占据了主导地位（Smale. M and koo. B，2003）。从评估方法上看，与当前对生物多样性价值评估及其他自然资源的价值评估中所用方法基本相同，根据评价某项价值载体市场有无，评估方法可归纳如下：①有实际市场存在，采用市场价值法、费用支出法、替代花费法、机会成本法、修复和保护费用法和影子工程法等。这些方法的核心是对于所评价的对象均可在市场上找到相应的交易价格或有同效益或同服务的商品的价格，因此可以用商品的价格作为价值的近似指标（曲福田，2001）。②替代品市场存在，采用旅行费用法、享乐价格法、规避行为和防护费用法等。这些方法的核心均涉及为那些与被关注的评价对象有关的私有商品和服务确定市场的问题，在这些替代市场上，每个人买与卖的行为就表明了对市场化的资源产品的偏好，买与卖的商品或服务将作为所关注的资源产品的替代物。③无市场公共物品，采用条件价值评估法等，这类评价方法主要针对没有市场价格的公共物品的价值评估，如对于作物种质资源的存在价值等。条件价值法采用诱导的方式来调查人们对公共物品的偏好及支付意愿，进而来推算某公共物品的价值。由于作物种质资源具有其他自然资源所不具备的属性和价值特性，因此作物资源的核算应采取相应的方法。

（1）作物种质资源实物量的核算

作物种质资源的实物量核算采用账户法。核算又称会计或簿记，作物资源核算也可以称谓作物资源会计或资源簿记。会计和簿记都需要记账，记账则需要建立账户（accounts）。增减式记账是会计核算的方法之一，在作物资源核算中也可采用此方法。具体做法是在账户中设增方和减方，以分别反映作物种质资源的增加量减少量（表6－1）。

表6－1　作物种质资源实物量核算的账目

账户类型	结　构
存量账户 期初：	保存种质资源 　保存栽培种 　保存濒危野生种 　保存濒危野生近缘种 栽培种质资源 野生品种资源 野生近缘种资源

（续）

账户类型	结构
存量账户 期末：	保存种质资源 　　保存栽培种 　　保存濒危野生种 　　保存濒危野生近缘种 栽培种质资源 野生品种资源 野生近缘种资源

（2）作物种质资源价值量的核算

可用于作物种质资源价值评估的方式有很多，以下几种方法用于作物种质资源的评估方便、有效。

①市场对比法。以作物品种在交易和转让市场中所形成的价格来推定和评估某一作物种质资源的价格。市场对比法（market comparison）是对比相同或相近情况下同类作物资源的价格来确定某一作物种质资源的价格，这种方法经常用于贮藏栽培种的价格评估。

②收益法（又称收益资本化法、收益还原法）。收益法包括收益还原法（revenue capitalization）或收益归属法（revenue attribution）和收益倍数法（revenue multiplication），是常用于自然资源价值评估的主要方法。收益还原法或收益归属法，实际上是将作物资源收益视为一种再投资，以获取利润为目的，虚拟利润以平均利润率为准计算，从而作物种质资源的价格为纯种质资源收益与平均利润的商。同样，收益倍数法是收益还原法的一种较为简单的形式。据此法，作物种质资源价格是若干年资源收益或若干年

资源收益平均值的若干倍，这个倍数一般或由种质资源交易双方商定，或由政府根据市场实际成交情况确定。采用此法的关键是如何确定作物种质资源纯收益。资源纯收益的确定一般有两种方法：一是剩余法，即从总收益中逐一扣除资本和劳动的收益份额，所剩余的便是纯种质资源收益；另一种方法是运用线性系统规划的方法求取种质资源的影子价格（shadow price），这个影子价格便是纯作物种质资源收益。收益还原法的基本公式是：

$$V=\frac{a}{1+r}+\frac{a}{(1+r)^{2}}+\frac{a}{(1+r)^{3}}+\cdots\cdots+\frac{a}{(1+r)^{n}}$$

$$=\frac{a}{r}(\text{设 } n\rightarrow\infty) \qquad (6-3)$$

式中，V 为作物资源的价值；a 为平均期望年净收益估计值；r 为年净收益资本化过程中所采用的还原利率，一般采用银行一年期存款利率，加上风险调整，同时扣除通货膨胀因素。

③生产成本法。生产成本法（production cost method）是通过分析作物种质资源价格构成因素及其表现形式来推算作物种质资源的价格，它特别适用于育成作物品种的价格评估。据此法，某一作物种质资源的价格是该资源生产成本与生产利润之和。而生产利润需由社会平均生产成本与平均利润率来确定。生产成本法又分为直接计价法和间接计价法。

（3）种质保存资源的评估

处于保存状态的作物种质资源是进行作物育种的重要材料来源，对于保存资源的价值评估主要以资源保护的资金投入为基本单位进行界定。假如某一品种资源的保存形式为籽粒保存，其可保存周期为 n 年，其间单位量品种的能源消耗为 E_1、人力资本为 P_1、保存设备折旧为 D_1；每个繁种期的场圃租金 R，人力资本为 P_2，则该保存品种单位量的价值：

$$V=\left(\frac{E_1+P_1+D_1}{n}+R+P_2\right)\times K \tag{6-4}$$

式中，K 为该作物品种的历史价值系数，对于栽培品种具体为该品种在生产中的使用年限；对于保存的野生种或近缘种，具体指其在历史上育种中被利用的次数。

假定评估单位量某栽培品种的价值，其籽粒的保存周期为 8 年，保存过程中，$E_1=2\ 580$ 元，$P_1=13\ 200$ 元，$D_1=1\ 720$；每个繁种期的场圃租金 $R=4\ 000$ 元，人力资本为 $P_2=2\ 800$ 元，若该品种共推广种植了 12 年，则该保存品种单位量的价值为：

$$V=\left(\frac{E_1+P_1+D_1}{8}+R+P_2\right)\times 12$$

$$=8\ 987.5\times 12=10.785\text{（万元）}$$

种质栽培资源的评估。对于正在推广使用的作物栽培品种，其价值处于现行的市场诸因素的调配和影响下，因此其价值体现为现行价格。

种质野生资源的评估。作物种质的野生资源具体指作物的野生种和野生近缘植物。其在作物种质运筹中的价值因素主要体现在质量向量上，如抗性（抗病、抗虫、抗逆）等。对于原生境保存的野生资源，其价值评估采取去向评价法，以运筹后的作物品种抗性增加后与运筹前同类品种的产品价值总量的增加效应为评判标准。

对于异生境保存的野生种质资源，其价值的确定可运用保存种质资源的价值评价方法。

6.2.3.2 作物种质资源质量向量核算

作物种质资源的质量向量核算及价值评估采用主效应质量因子和副效应质量因子的累积叠加核算法进行价值核算。每个用于育种的遗传材料或作物种质材料都具有一个或几个优异遗传效应因子，作为种质选育和合成的目标因子，作物种质资源的价值主要体现在这些目标因子的复合遗传效应上。

主副效应因子的价值核算主要体现在以下三个方面：综合农艺性状（生育期、株高、产量、结实率、百粒重等）；抗性表现（抗病、抗虫、抗逆）和品质性状（粗蛋白、粗脂肪，氨基酸组成，脂肪酸组成）。

近年来，许多科研人员采用 DTOPSIS 法进行特定作物品种新资源的评价工作。DTOPSIS 法来源于陈延提出的 TOPS 法（Technique for Order Preference by Similarity to Ideal Solution），姚兴涛（1998）将其改进后用于区域经济发展的多目标决策，称为 DTOPSIS 法（Dynamic TOPSIS）。卢为国等（1998）对 DTOPSIS 法综合评价大豆新品种进行了初步探讨；魏亚凤等（2002）应用此法综合评价大麦新品种；龙腾芳、郭克婷（2004）采用 DTOPSIS 法的程序综合评价了水稻的品种；刘辉（2001）也对此法在棉花区域试验中的应用作了探讨。事实证明，在种质资源价值核算过程中，多元效应因子复合的作物种质资源基准价值核算，可以采用 DTOPSIS 法进行作物品种资源的综合评价，并进行基准价值核算。

第一步，设有 m 个品种，n 个性状，建立矩阵 A：

$$A=\begin{bmatrix} Y_{11} & Y_{12} & \cdots & Y_{1n} \\ Y_{21} & Y_{22} & \cdots & Y_{2n} \\ \cdots & \cdots & \cdots & \cdots \\ \cdots & \cdots & \cdots & \cdots \\ Y_{m1} & Y_{m2} & & Y_{mn} \end{bmatrix} \quad (6-5)$$

第二步，将 A 进行无量纲化处理，使其成为可相互比较的规范化矩阵 Z，其中

$$Z=\begin{cases} Y_{ij}/Y_{j\max}, Y_{j\max}=\max(Y_{ij}) \text{ 正向指标计算处理} \\ Y_{j\min}/Y_{ij}, Y_{j\min}=\min(Y_{ij}) \text{ 反向指标计算处理} \end{cases}$$

$$(i=1,2,3,\cdots,m;j=1,2,3,\cdots,n) \quad (6-6)$$

第三步，建立加权的规范化决策矩阵 R，矩阵 R 的元素 $R_{ij}=W_j\times Z_{ij}$，W_j 是第 j 个性状；的权值（i=1，2，3，…，m；j=1，2，3，…，n）

第四步，关于品种性状的理想解和负理想解：

$X^+=(X_1^+,X_2^+,\cdots,X_n^+)$，其中 $X_i^+=\max(R_{ij})$；

$X^-=(X_1^-,X_2^-,\cdots,X_n^-)$，其中 $X_j^-=\min(R_{ij})$

第五步，采用欧几里得范数作为距离的测定，得到诸品种与理想解的距离：

$$S_i^+=\sqrt{\sum_{j=1}^{n}(R_{ij}-X_j^+)^2}, i=1,2,3,\cdots,m; \quad (6-7)$$

与负理想解的距离：

$$S_i^-=\sqrt{\sum_{j=1}^{n}(R_{ij}-X_j^-)^2}, i=,1,2,3,\cdots,m; \quad (6-8)$$

第六步，求各品种对理想解的接近度：

$$C_i=\frac{S_i^-}{(S_i^-+S_i^+)}, C_i\in[0,1], i=,1,2,3,\cdots,m; \quad (6-9)$$

按照 C_i 的大小排序，参照理想解与负理想解，以 C_i 为核算系数进行性状基准价值的比较核算。

下面以农艺性状为对象进行核算举例。假设有待测的两份水稻品种资源 $P2$、$P6$，对其九个复合因子进行核算，采用当地市场现行的 10 个主栽水稻品种作为评价参照物：

见表 6－2 中的数据组成矩阵 A。

将表 6－2 中各性状数值进行无量纲化处理。9 个性状分两类：正向指标为产量、最高苗数、有效穗数、成穗率、每穗总粒数、结实率、千粒重，以 12 个组合中最大值为分母，分别去除各组合该指标数值；负向指标为株高、生育期，以 12 个组合中最小的为分子，各组合该指标数值为分母，得到矩阵 Z。

$$
Z=\begin{bmatrix}
1.0000 & 0.9512 & 0.8196 & 0.9091 & 1.0000 & 0.9075 & 1.0000 & 0.9373 & 0.7668 \\
0.9802 & 0.9590 & 0.8866 & 0.9524 & 0.9697 & 0.9192 & 0.8699 & 0.9451 & 0.8233 \\
0.9748 & 0.9360 & 0.9149 & 0.9697 & 0.9591 & 0.9257 & 0.8767 & 0.9384 & 0.8198 \\
0.9697 & 0.9590 & 0.8943 & 0.8874 & 0.8970 & 0.9304 & 0.9110 & 0.8779 & 0.8445 \\
0.9560 & 0.9512 & 0.8015 & 0.8312 & 0.9333 & 0.8561 & 0.9932 & 0.7962 & 1.0000 \\
0.9518 & 0.9360 & 1.0000 & 0.9957 & 0.8985 & 0.8498 & 0.8493 & 0.8869 & 0.8269 \\
0.9387 & 0.9750 & 0.9536 & 0.9697 & 0.9152 & 0.8593 & 0.8151 & 0.9071 & 0.8869 \\
0.9354 & 0.9435 & 0.9253 & 1.0000 & 0.9742 & 0.8908 & 0.7740 & 1.0000 & 0.7880 \\
0.8659 & 0.9360 & 0.9201 & 0.9091 & 0.8909 & 0.9360 & 0.8562 & 0.9406 & 0.8445 \\
0.8559 & 1.0000 & 0.8170 & 0.8874 & 0.9803 & 1.0000 & 0.8904 & 0.8757 & 0.7986 \\
0.7980 & 0.9915 & 0.7758 & 0.7576 & 0.8818 & 0.8698 & 0.9589 & 0.8186 & 0.9258 \\
0.7606 & 0.9915 & 0.9820 & 0.8355 & 0.7667 & 0.9093 & 0.9110 & 0.8108 & 0.8021
\end{bmatrix}
$$

表 6-2 各水稻品种的生育性状表现（原始材料来源于国家水稻产业技术体系）

种质资源代码	产量（千克/公顷）	生育期（天）	最高苗数（10^4/公顷）	有效穗（10^4/公顷）	成穗率（%）	株高（厘米）	每穗粒数	结实率（%）	千粒重（克）
*P*1	7 663.5	123.0	477.0	315.0	66.0	101.6	146.0	83.7	21.7
* *P*2	7 512.0	122.0	516.0	330.0	64.0	100.3	127.0	84.4	23.3
*P*3	7 470.0	125.0	532.5	336.0	63.3	99.6	128.0	83.8	23.2
*P*4	7 431.0	122.0	520.5	307.5	59.2	99.1	133.0	78.4	23.9
*P*5	7 326.0	123.0	466.5	288.0	61.6	107.7	145.0	71.1	28.3
* *P*6	7 294.5	125.0	582.0	345.0	59.3	108.5	124.0	79.2	23.4
*P*7	7 194.0	120.0	555.0	336.0	60.4	107.3	119.0	81.0	25.1
*P*8	7 168.5	124.0	538.5	346.5	64.3	103.5	113.0	89.3	22.3
*P*9	6 636.0	125.0	535.5	315.0	58.8	98.5	125.0	84.0	23.9
*P*10	6 559.5	117.0	475.5	307.5	64.7	92.2	130.0	78.2	22.6
*P*11	6 115.5	118.0	451.5	262.5	58.2	106.0	140.0	73.1	26.2
*P*12	5 829.0	118.0	571.5	289.5	50.6	101.4	133.0	72.4	22.7

各个性状分别赋予不同权重 W_j ，$W_j \in (0, 1)$ 且 $\sum W_j = 1$。根据生产实际，并参考相关专家意见，产量、生育期、最高苗数、有效穗数、成穗率、株高、每穗粒数、结实率、千粒重 9 个性状的权重值分别为 0.4，0.1，0.1，0.1，0.1，0.05，0.05，0.05，0.05。用各指标权重 W_j 乘以矩阵 Z 中相应的第 j 列，得到矩阵 R。

$$R=\begin{bmatrix}
0.4000 & 0.0951 & 0.0820 & 0.0909 & 0.1000 & 0.0454 & 0.0500 & 0.0469 & 0.0383 \\
0.3921 & 0.0959 & 0.0887 & 0.0952 & 0.0970 & 0.0460 & 0.0435 & 0.0473 & 0.0412 \\
0.3899 & 0.0936 & 0.0915 & 0.0970 & 0.0959 & 0.0463 & 0.0438 & 0.0469 & 0.0410 \\
0.3879 & 0.0959 & 0.0894 & 0.0887 & 0.0897 & 0.0465 & 0.0455 & 0.0439 & 0.0422 \\
0.3824 & 0.0951 & 0.0802 & 0.0831 & 0.0933 & 0.0428 & 0.0497 & 0.0398 & 0.0500 \\
0.3807 & 0.0936 & 0.1000 & 0.0996 & 0.0898 & 0.0425 & 0.0425 & 0.0443 & 0.0413 \\
0.3755 & 0.0975 & 0.0954 & 0.0970 & 0.0915 & 0.0430 & 0.0408 & 0.0454 & 0.0443 \\
0.3742 & 0.0944 & 0.0925 & 0.1000 & 0.0974 & 0.0445 & 0.0387 & 0.0500 & 0.0394 \\
0.3464 & 0.0936 & 0.0920 & 0.0909 & 0.0891 & 0.0468 & 0.0428 & 0.0470 & 0.0422 \\
0.3424 & 0.1000 & 0.0817 & 0.0887 & 0.0980 & 0.0500 & 0.0445 & 0.0438 & 0.0399 \\
0.3192 & 0.0992 & 0.0776 & 0.0758 & 0.0882 & 0.0435 & 0.0479 & 0.0409 & 0.0463 \\
0.3042 & 0.0992 & 0.0982 & 0.0835 & 0.0767 & 0.0455 & 0.0455 & 0.0405 & 0.0401
\end{bmatrix}$$

根据 R 求理想解和负理想解：

$X_i^+ = \{0.40，0.1，0.1，0.1，0.1，0.05，0.05，0.05，0.05\}$；

$X_i^- = \{0.304\ 2，0.093\ 6，0.077\ 6，0.075\ 8，0.076\ 7，0.042\ 5，0.038\ 7，0.039\ 8，0.038\ 3\}$

将 X_i^+、X_i^- 和 R_y 分别代入式（6-7）、式（6-8）得到 S_i^+ 和 S_i^-，并由式（6-9）得到关联度 C_i（表 6-3）：

表 6-3 各水稻品种的理想解和关联度

种质资源代码	S_i^+	S_i^-	C_i	序列
$P1$	0.024 5	0.100 7	0.804 5	3
* $P2$	0.019 6	0.093 5	0.826 7	1
$P3$	0.019 6	0.091 9	0.824 3	2
$P4$	0.025 3	0.087 0	0.775 0	4
$P5$	0.034 8	0.081 9	0.701 5	8
* $P6$	0.027 1	0.084 5	0.757 0	5
$P7$	0.030 0	0.078 4	0.723 5	6
$P8$	0.032 1	0.079 0	0.710 9	7
$P9$	0.057 6	0.049 7	0.463 3	9
$P10$	0.062 9	0.047 4	0.429 7	10
$P11$	0.088 9	0.023 2	0.206 9	11
$P12$	0.101 1	0.024 0	0.191 9	12

经计算，10 个参照主栽品种的市场现行价格平均值处理后的理想值为 25.30 元/千克，则种质资源 $P2$、$P6$ 每千克的核算基准价值分别为：

0.826 7×25.30=20.92（元）；0.757 0×25.30=19.15（元）

6.2.3.3 遗传多样性的检测及度量方法

遗传多样性的检测和度量可以从形态学水平和分子水平上来进行，虽然这两种方法各有优点和局限，但在目前没有更好的手段和途径的情况下，这两个层次上的研究对作物种质资源遗传多样性的检测和度量还是十分有意义的。

用形态特征来检测遗传变异是传统而简便易行的方法。形态表型性状可以通过统计其在一定总体或样本内某性状出现的频率或次数来判定某作物品种间的差异，从而推断其遗传变异的程度。这样的统计结果可以通过次数分布表或次数分布图直观地反映出来。另外，质量性状也可以给予相当数量的方法进行数量化处理。对于数量性状来说，由于基因作用大多表现为群体性而缺乏个体性，而且只能用称、量、数等方法对它们加以度量，所得结果也都是些数字材料，只有对它们进行适当的数理统计，估算一些遗传参数，才能反映出其遗传变异的特点并洞察其中的规律。数量性状资料可分为间断性变数资料和连续性变数资料两类。间断性变数是指用计数方法获得的数据，如穗数、每穗小穗数等，其特点是各个观察值都为整数。因此，这样的数据也可用次数分布表和次数分布图的方法加以分析整理。连续性变数是指通过称量、度量或测量所获得的数据，其特点是观察值不限于整数。在确定作物品种的差异和变异幅度时，通常要采用方差和标准差的分析统计方法，计算公式是：

$$\text{方差}(V)=\sum f(x-\overline{x})^2\frac{1}{n-1} \tag{6-10}$$

$$\text{标准差}(S)=\sqrt{\sum f(x-\overline{x})^2\frac{1}{n-1}} \tag{6-11}$$

作物品种间的变异幅度愈大，方差和标准差就愈大，反之方差和标准差就愈小，但方差和标准差只反映作物品种间的变异程度，若要反映品种间的差异，就要采用变异系数来加以衡量。计算公式为：

$$\text{变异系数}\ CV=\frac{S}{\overline{x}}\times 100\% \tag{6-12}$$

需要注意的是，在使用 CV 时应认识到它是由 S 和 $\overline{x}$ 构成的比数，既受标准差的影响，又受平均数的影响。因此，

在采用 CV 表示样本或其所代表的区域内作物品种的变异程度时，宜同时列举 $\overline{x}$ 和 S 的值。利用形态学性状对遗传变异进行研究古今中外被广泛使用，是一个简便而有效的方法。我们知道表型是基因型与环境共同作用的结果，因此一些性状特别是数量性状很难摆脱环境变化的影响，这就是该方法的局限所在。

分子水平上遗传多样性的度量分为等位酶遗传多样性的度量和 DNA 水平上遗传多样性的度量。在等位酶水平上遗传多样性的度量，目前已形成了一套完整的方法，主要参数如下：①等位基因频率（q_i）：q_i 是指每一作物中每一个基因位点上每一个等位基因出现的频率，它是通过基因型的数目或频率来计算的。②多态位点的百分数（P）：多态位点是指在某一基因位点上最常见的等位基因出现的频率小于或等于 0.99 的位点（根井正利、王家玉译，1983），P 值就是指在所测定的全部位点中多态位点所占的比率。③平均每个位点的等位基因数（A）：各位点的等位基因之和除以所测定位点的总数。④平均每个位点的预期杂合度（H_e）：H_e 表示在 Hardy-Weinberg 定律下预期的平均每个个体位点的杂合度，同时也反映作物品种间等位基因的丰富度和均匀度。Nei（Nei M.，1973）也把它称为基因多样性指数（index of gene diversity）。⑤平均每个位点的实际杂合度（H_O）：指实际观察到的杂合度。⑥多态位点的固定指数（F）：F 值是指一个个体在某个基因位点上的一对等位基因同时来自同一亲本的同一个等位基因的机率。固定指数是对基因型偏离 Hardy-Weinberg 平衡的测量。如果杂合体过多，$F<0$；全部杂合时 $F=-1$；如果纯合体过多，$F>0$；

全部纯合时 $F=1$。此外，还可利用等位基因频率（q_i）计算出某作物品种的基因多样度（H_S）、总体的基因多样度（HT）、品种间的遗传一致度（I）等参数，进而推算出基因分化系数（GST）和品种间的遗传距离（D），并在此基础上进行遗传多样性和 $UPGMA$ 聚类分析。

DNA 水平上遗传多样性的度量：多样性指数（DC）（汪小全，1996）的计算公式为：

$$DC=\sum_{i=1}^{m}\sum_{j=1}^{m}\sqrt{\frac{1}{n}\sum_{k=1}^{n}(X_{ik}-X_{jk})^2} \qquad (6-13)$$

式中，m 为品种的个体数；n 为多态位点总数；X 代表不同品种个体。区域间遗传差异在总遗传差异中所占比例（PDC）（汪小全，1996），按如下公式计算：

$$PDC_{xy}=\left[DC_{xy}-\frac{m_x}{m}DC_x-\frac{m_y}{m}DC_y\right]\frac{1}{DC_{xy}} \qquad (6-14)$$

式中，m_x 和 m_y 分别为区域群体 x 和区域群体 y 的个体数，$m=m_x+m_y$；DC_x 和 DC_y 分别为区域群体 x 和区域群体 y 内部的多样性指数；DC_{xy} 为区域群体 x 和区域群体 y 作为一个整体的多样性指数。PDC_{xy} 则为区域群体 x 和区域群体 y 间的遗传差异在总遗传差异中所占的百分比。

信息论中，计算熵的公式原来表示信息的不确定程度，Margalef（1958）第一次应用此公式反映种的个体出现的不确定程度，即多样性。张金屯（2004）运用 Shannon 信息指数（H_O）的计算公式，表现在无限总体的情况下的群落植物的多样性指数。该方法同样适用于作物遗传多样性的度量。具体公式为：

$$H_O = -\sum P_i \log_2^{p_i}（该对数底数也可用 e,10）\tag{6-15}$$

式中，P_i 表示 i 带的表型频率；H_O 表示表型多样性。在DNA多态性的分析中，为了明确品种间的相互关系常常要进行聚类分析。在聚类分析之前，首先计算相似性系数（S）。相似性系数的计算方法有多种：① $S=\frac{2N_{ij}}{N_i+N_j}$；式中，$N_i$ 和 N_j 分别为两个样品各自的DNA片段或带数，N_{ij} 为两个样品共有的片段或条带数。②匹配系数法 $S=\frac{m_1}{m_1+m_2}$，式中，m_1 为匹配的变量个数（即两变量同时为1与同时为0的配对数），m_2 为不匹配的变量个数（即两变量取不同值的配对数）。此外，还可以采用Jaccard相似性系数或Dice相似性系数（Karp A，Edwards K J.，1997）。在建立了品种之间的相似性关系后，即可进行聚类分析。常采用的方法是UPGMA法（un-weighted pair group method with arithmetic averaging ）。UPGMA程序在许多软件包中都有，也可从网上下载。

6.3 作物资源的代际财富转移

在人类历史的发展过程中，每代人的存续期间是有限的。在这短暂的时间内，其既是作物资源财富的所有者，也是后代人所具有的作物资源财富的代管者。为了人类自身生存和延续能够顺利进行，当代人会从上代人那里继承大量的作物资源，也包括其他自然资源财富，同时利用这些财富进行物质再生产，在满足当代人各种需求的同时，并不断进行财富的积累。当代人最终会将所有的全部财富作为遗产留给下一代，出现财富代际转移现象。

所谓财富的代际转移，就是上一代人将其所拥有和代管的财富通过一定的方式转移给下一代。财富的转移方式有两种：实物量方式和价值量方式，前者是将实物本身转移给下一代，后者不仅仅是将实物量转化为价值量，而且还包括用资金、技术等方式对下一代的补偿转移。当上一代人消耗掉本应属于下一代人的物质财富时，当代人就应该采取恰当的方式对下一代进行合理的补偿。只有采取这种代际财富转移的政策，人类社会的生活质量才会一代强于一代，才能扼制环境质量的进一步衰退，未来 N 代人同我们具有相同或更好的资源享用权与生存权才会成为可能，人类社会才能持续发展。

6.3.1 作物资源财富的代际转移模型

作物资源财富代际转移模式存在着两种基本类型，即资源财富均衡转移和资源财富的失衡转移。前者是持续发展的理想模式，后代人所拥有的财富同上代人相比是均等的，从资源财富角度来看是公平的，如图 6－4 所示，$a+2$ 代和 $a+3$ 代拥有与 $a+1$ 代相同的作物资源，这反映出社会没有进步。实质上这种情况是不存在的（t 为代际间共同生活的时间）。财富的失衡转移同均衡转移相比恰恰相反，它导致代际间的财富占有不均等，主要是当代人所占有的财富高于下一代，是一种非持续发展模式，是我们必须克服和扭转的。

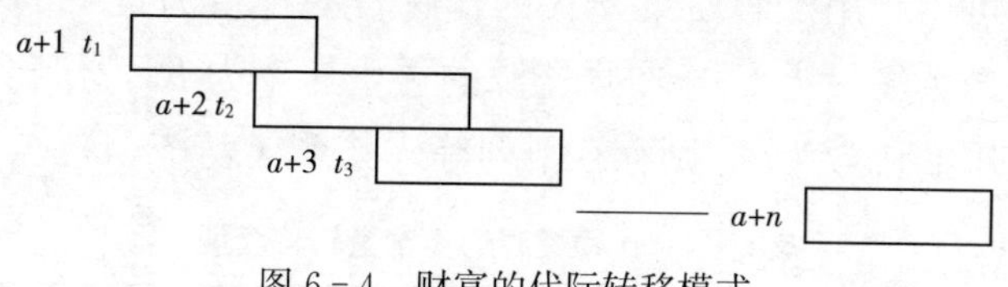

图 6-4 财富的代际转移模式

就作物资源数量而言，与 20 世纪 60 年代相比，当前的作物资源财富在数量上已大幅度减少，然而非人类控制遗传信息的原生态作物资源数量出现了更为严重的下降趋势。据统计，目前全世界共有 30 000 余种陆生高等植物，但大田栽培仅 150 种。其中提供 90％人类食物来源的约 20 余种；提供 75％的是稻谷、小麦、大麦、马铃薯、甘薯和木薯 7 种；提供 70％的仅稻谷、玉米和小麦 3 种。人类需求的重负几乎完全压在了如此狭窄稀少的作物品种上，现代农业在选择种植良种提高产量的同时，已不知不觉地淘汰、丢弃了大量所谓“低劣”的原始品种、品系，造成了农业遗传多样性的极大损失（王关林，2002）。

6.3.2 作物资源的实物量转移

作物资源具有再生性和非再生性双重属性，作物品种的时空演替是时间的函数，当作物品种丢失时间超过还原临界值时，作物品种不可再生。作物资源又具有再生性，为再生资源，主要体现在作物种群的丰度、多度等的变化上。作物资源的再生率是极其有限的，当作物资源的丢失量超过了作物资源的再生量时，同一作物的品种资源在数量上不断减少，这时，作物资源量在各代之间的分配出现了逐代减少的趋势。如果按此趋势发展下去，到了某一代则无足够的作物资源可供利用。假使第 a 代的作物资源存量为 S_a，每代作物资源丢失量为 C_a，作物资源的再生速率为 R_a，作物资源可利用的代数为 t，则存在下列等式关系（表 6－4）：

表 6－4　作物资源的实物量转移模型

代别	实物量	备注
a_1	$S_1=S_0-C_1+S_0\times R_1$	(6－16)
a_2	$S_2=S_1-C_2+S_1\times R_2$	(6－17)
…	…	…
$a_{(n-1)}$	$S_{n-1}=S_{n-2}-C_{n-1}+S_{n-2}\times R_{n-1}$	(6－18)
a_n	$S_n=S_{n-1}-C_n+S_{n-1}\times R_n$	(6－19)

式（6－16）～式（6－19）实质上就是以作物资源实物量方式向下一代传承的作物资源财富转移模型。

6.3.3　作物资源的价值量转移

由于作物资源能为人类的生存、发展和享受等提供所需要的物质性产品，所以作物资源的价值属性非常明显。作物资源的价值，既是价值哲学概念，又是指经济学中的价值。作物资源像其他生物资源一样是一种公共资产，是人类生存和发展必不可少和不可替代的基础资源。其中遗传多样性是最重要的前提条件。作物资源的遗传多样性（包括物种、基因和生态）既具有它的本征价值（自然存在价值，是社会利用价值的本源），又包含其对人类的功能效用价值（社会利用价值）。就作物资源而言，其遗传多样性的社会利用价值主要是满足人类生存发展的衣食所需，但由此可衍生出许多的间接利用价值和潜在利用价值，如维持碳平衡（保持二氧化碳和氧的生物地球化学循环平衡），调节区域气候，净化污染，美学欣赏，科学研究与考察等。本书只探讨其作为满足人类生存与发展衣食所需的服务价值。

作物资源具有价值，包括原生态的作物资源和汇集育种者辛勤汗水的次生态作物资源，只要其以生产对象出现过，就属于作物资源，就有价值。同样，作物资源在代际间转移的过程中间除发生实物量转移外，还发生价值量转移。

令作物资源的价格为Va（a=1，2，3，…），则每代遗传给下一代的作物资源财富价值量M_a为表6-5：

表6-5 作物资源的价值量转移模型

代别	价值量	备注
a_1	$M_1=V_1(S_0-C_1+S_0\times R_1)$	(6-20)
a_2	$M_2=V_2(S_1-C_2+S_1\times R_2)$	(6-21)
…	…	…
$a_{(n-1)}$	$M_{n-1}=V_{n-1}(S_{n-2}-C_{n-1}+S_{n-2}\times R_{n-1})$	(6-22)
a_n	$M_a=V_n(S_{n-1}-C_n+S_{n-1}\times R_n)$	(6-23)

表6-5为作物资源的价值量转移模型。式中，S为第$a-1$代的作物资源存量，C_a为a代作物资源的丢失量，R_a为a代作物资源的再生速率。从公式中可以看出，除了价格因素外，作物资源的价值量转移，取决于上一代的资源存量、当代资源丢失量和资源再生速率。上一代的资源存量越多，当代丢失量越少，再生速率越大，资源财富转移的价值量就越大。作物资源价格在作物资源财富转移过程中是至关重要的，确定合理的作物资源价值（价格），是持续发展的必然要求。

6.4 作物种质资源的保存与资源代际转移

6.4.1 作物种质资源的保存机制与方式

所谓作物种质资源的保存机制是指通过人为方式延续和维护作物种质资源（包括野生近缘种）的遗传多样性和质量，以保持作物遗传资源不丢失、不衰竭。作物种质资源保存机制是实现作物资源代际转移的重要机制保证。对作物资源进行保存，一方面需要技术上的保障，另一方面需要资金的支持。

6.4.1.1 作物种质资源的保存机制

作物资源具有再生性和非再生性的双重属性，加之品种利用和淘汰的高频率，人的选择的短期性和主观倾向性，决定了对作物品种进行保存的必然性。种质资源保存是使作物种质资源免于遗失的主要手段。然而，作物种质资源的保存机制是种质资源保存的重要保障。

建立健全作物种质资源的保存机制，首先要界定种质资源的价值，然后进行所有权确认，实施作物种质资源知识产权保护下的有偿使用制度，鼓励并保障种质资源持有人的保护权和获益权。这样就会使作物种质资源真正富有明晰的产权，使含有有益基因的种质资源得以保护，进而得以保存。

另外，要实施有价值种质资源的保存补贴制度，提高种质资源保存者的保存积极性。

6.4.1.2 作物种质资源的保存方式

一般来讲，作物种质资源的保存可以分为两种途径：就地保存和异地保存。就地保存指通过保护植物原来所处的自然生态环境来保护植物种质，如建立自然保护区和天然公园来保护野生物种。我国除建立了自然保护区、自然公园、植物园、树木园外，还重点保护农业生态系统，建立了24个作物野生亲缘种保护点和农业类保护地区。异地保存是指把植物体迁出其自然生长地进行保存，包括种子保存、植株保存、离体保存等方式。

（1）种子保存。种子保存是针对正常型种子进行的。这类种子可在含水量为5%以下，温度为0℃以下而不受伤害。绝大多数农作物都属于这一类型。进行种子保存的作物材料必须隔一定时间在田间轮繁更新1次，以免丧失生活力。在轮繁时还应保持一定的种植规模，入库时作为样本的种子应具有一定容量，例如，有研究表明玉米种质保存中，入库群体材料每份具有3 000～5 000粒种子为宜。此外，要最大程度地减少基因漂变，还必须尽可能地减少轮繁代数，这就要求种子保存的时间要尽可能地长。种子保存有低温种子库保存、超干燥保存和超低温冷冻保存三种方式。

（2）植株保存。植株保存适用于产生顽拗型种子的植物。这类种子干燥到临界值以下（一般12%～35%）即失去活力。并且不能在0℃条件下贮藏，有些甚至在10～15℃时就会受冻害。此外，植株保存还适用于无性繁殖的作物。多年生野生作物和果树主要通过建立种质圃来保存。在1986—1990年，我国建立了23个国家种质圃来保存多年生、无性繁殖作物及果树种质资源，保存种质材料达21 190份。1998年，我国又建立3个国家种质圃，保存种质材料达3.7万余份。但由于常受到病虫害及其他自然灾害的影响，因而种质圃保存无性繁殖作物并不是理想的长期保存方法。

（3）离体保存。离体保存主要包括两种方法，缓慢生长和超低温冷冻保存。我国目前已有 2 座国家试管苗种质库，保存甘薯 1 400 份，马铃薯 900 份。除对玉米、黑麦、桃、梨的花粉、甘蔗茎尖愈伤组织、猕猴桃茎段等进行超低温保存的研究已成功外，我国还对花粉冷冻做了研究，解决了冷冻前花粉干燥处理、花粉冷冻保存的适宜含水量及冷冻和解冻等关键技术，这为解决杂交育种中花期不遇和异地杂交等难题提供了有效手段。

离体技术在种质资源研究工作上具有重要意义。首先该技术可以通过组织培养或冷冻方法来保存资源材料，大大减少资源保存成本；二是能够安全有效地保存种子，繁殖作物的同源系或未被侵染的资源材料，防止在有性繁殖中同源系变异或受病原感染；三是离体技术可以在需要时快速繁殖某些育种上特殊需要的基因类型，如远缘杂种的不育后代及体细胞杂种植株，特别是有些材料不可能通过种子繁殖来保持某一特性（如果树）时，这一点更为重要；四是便于种质的交换与发放，减少检疫手续等；五是在分子生物学特别是遗传工程研究中需要。

6.4.2　作物种质资源的代际转移

作物种质资源是种植业生产的第一类资源，是提高自然能源截获率的重要保证，能否满足当代人的物质和生活需求，取决于现存的作物种质资源的在簿量和质量，以及维持作物生产的自然生态条件的优劣。但我们需要种子保存不仅仅是为了当代人的利益，人们已经逐渐认识到了为后人保护维系作物生产的自然生态环境的重要性，但对于作物种质资源的代际间转移的伦理问题尚未引起大多数人的关注。

作物种质资源的保护是实现种质资源代际公平转移的重要措施。我们不赞同当代人面临困境，更不允许我们的后人不得不面临困境，我们的后代及久远的未来人应当具有更大的或至少与我们相当的作物资源的享用空间。因此，当代人应从种植业生产的收益中拿出一部分资本用于代际种质资源财富的保护和保存，防止因当代人选择的主观性和片面性使珍贵资源遗失对后人的使用权造成意外剥夺，使不同世代的作物种质资源的财富量趋于平衡。

6.4.3 非平稳时序模型与作物种质资源代际转移动态变化的监测

区域农作物种质资源的动态变化主要是由于育种、人工保存、原生境保护及其他随机因素引起的。由于季节性生产或周期性人工繁育，使得作物种质资源的变动具有周期性，基于其上述特点，比较适合运用非平稳时序模型对作物种质资源动态变化进行监测。其动态变化组成的数学表达式如下：

$$H(t) = h(t) + v(t) + x(t)(t = 1,2,3,\cdots,n) \tag{6-24}$$

令：

$$f(t) = H(t) - h(t) \tag{6-25}$$

式中，$H(t)$ 为作物种质资源；$h(t)$ 为趋势性变化项（栽培品种的更替）；$v(t)$ 为周期性变化项（周期性种质繁育引起）；$x(t)$ 为随机性干扰项；$f(t)$ 为种质资源的存量（剩余值，除去趋势项）。

因此，作物种质资源长期观测序列属于非平稳时间序列，需要逐项分析其成分。

（1）趋势性变化项

对于作物种质资源多年时间序列的变化趋势，可以用逐步回归分析方法确定。事先不假定趋势项是什么函数形式，而给出一个一般多项式的函数形式：

$$h(t) = b_0 + b_1 t + b_2 t^2 + b_3 t^3 + b_4 t^4 + b_5 t^{-1} + b_6 t^{-2} + b_7 t^{\frac{1}{2}} + b_8 t^{-\frac{1}{2}} + b_9 e^{-t} + b_{10} \ln t \qquad (6-26)$$

然后用逐步回归方法在计算机上加以筛选来确定趋势项的数学表达式。或者直接用 Excel 2000 软件直接对原始数据进行添加趋势线，若作物种质资源满足下列各式之一，即为要确定的趋势变化项。

① $h(t) = at + b$

② $h(t) = a\ln t + b$

③ $h(t) = ae^{bt}$

其中 a，b 为待定系数，t 为时间序号。也可以采用移动平均法、正交多项式法和样条函数拟合法提取趋势项，从而得出趋势项方程。从原始数据中扣除趋势项后，进而分析周期项。

（2）周期性变化项

提取周期项 $v(t)$ 常用的方法有方差分析、相关分析、谐波分析（主要用于提取基本周期长度为已知的振动项）和周期图分析方法（用于周期长度未知的隐含周期分析）。

由于作物种质资源动态变化呈现较明显的以一个储存期或繁殖期为周期，故本研究主要采用谐波分析法。

谐波分析的目的，就是要从农作物种质资源动态变化的不规则曲线中分离出若干振幅和相位不同的简谐波，以便逐个研究其统计规律与特征。

由于傅立叶级数可拟合具有周期性的物理现象，又可以把作物种质资源剩余值中的周期性变化项与随机项分离，故种质资源周期性变化项采用傅立叶级数频谱分析确定。

根据傅立叶级数理论，一个以基本周期 T 为区间的时间函数 $f(t)$，若满足一定的条件，总可以表示成一系列频率成倍增加的谐波之和，即：

$$f(t) = C_0 + \sum_{k=1}^{\infty} C_k \sin(\omega_k t + \varphi_k) \qquad (6-27)$$

式中，$\omega_k = \frac{2\pi k}{T}$，为各谐波的频率；$C_0$ 为 $f(t)$ 的平均值；$C_1, C_2, \cdots, C_k$ 为各谐波振幅；$\varphi_1, \varphi_2, \cdots, \varphi_k$ 是各谐波的初相位。由三角函数的变换公式，上式可改写成：

$$f(t) = a_0 + \sum_{k=1}^{\infty} (a_k \cos\omega_k t + b_k \sin\omega_k t) \qquad (6-28)$$

其中，$a_0 = C_0, a_k = C_k \sin\varphi_k, b_k = C_k \cos\varphi_k$ 称为傅立叶系数，显然：

$$C_k^2 = a_k^2 + b_k^2, \varphi_k = arc\,\mathrm{tg}(\frac{a_k}{b_k})$$

其傅立叶系数计算公式为：

$$\begin{cases} a_0 = \dfrac{1}{T}\displaystyle\int_0^T f(t)\,\mathrm{d}t \\ a_k = \dfrac{2}{T}\displaystyle\int_0^T f(t)\cos\omega_k t\,\mathrm{d}t \quad k = 1,2,\cdots \\ b_k = \dfrac{2}{T}\displaystyle\int_0^T f(t)\sin\omega_k t\,\mathrm{d}t \end{cases} \qquad (6-29)$$

对于离散时间序列 $y_0, y_1, \cdots, y_{N-1}$，由于序列为离散时间点上的波形函数，根据采样原理，所取谐波数最多只能为 $\frac{N}{2}$ ，即只能取有限个正弦波来逼近序列 $\{y_t\}$ 。若以 $\hat{y}_t$ 表示 p 个谐波叠加后的序列估计值，则有：

$$\begin{aligned}\hat{y}_t &= C_0 + \sum_{k=1}^{p} C_k \sin(\omega_k t + \varphi_k) \\ &= \hat{a}_0 + \sum_{k=1}^{p} (\hat{a}_k \cos\omega_k t + \hat{b}_k \sin\omega_k t)\end{aligned} \quad (6-30)$$

式中，$\omega_k = \frac{2\pi k}{N}$ 称为第 k 个谐波频率。假定序列的基本周期 $T = N\Delta t$ ，则序列的基本频率 $\omega = \frac{2\pi}{N}$ ，各个谐波的周期与序列的基本周期有如下关系：

$$T_k = \begin{cases} \frac{2\pi}{k\omega} & \text{当} k \neq 1 (k = 2,3\cdots) \\ \frac{2\pi}{\omega} & \text{当} k = 1 \end{cases} \quad (6-31)$$

显然，各个谐波的频率恰好为基本频率 ω 的 k 倍，又称为倍频。根据最小二乘法和三角函数的正交性，可以得到序列 $\{y_t\}$ 的谐波系数估计式：

$$\begin{cases} \hat{a}_0 = \frac{1}{N} \sum_{t=0}^{N-1} y_t \\ \hat{a}_k = \frac{2}{N} \sum_{t=0}^{N-1} y_t \cos\omega_k t = \frac{2}{N} \sum_{t=0}^{N-1} y_t \cos \frac{2\pi k}{N} t \quad k = 1,2,\cdots,p \\ \hat{b}_k = \frac{2}{N} \sum_{t=0}^{N-1} y_t \sin\omega_k t = \frac{2}{N} \sum_{t=0}^{N-1} y_t \sin \frac{2\pi k}{N} t \end{cases}$$

(6-32)

倍频极限为 $\frac{N}{2}$ ，最大波数 $p = \left[\frac{N}{2}\right]$ ，当 N 为偶数，取

$p=\frac{N}{2}$，当N为奇数时，取$p=\frac{N-1}{2}$。类似于回归分析，可以证明原序列$\{y_t\}$的回归方差为：

$$\begin{aligned}S_y^2 &= \frac{1}{N}\sum_{t=0}^{N-1}(\hat{y}_t-\bar{y}_t)^2 \\ &= \frac{1}{N}\sum_{t=0}^{N-1}\left[\sum_{k=1}^{p}(\hat{a}_k\cos\omega_k t+\hat{b}_k\sin\omega_k t)\right]^2 \\ &= \sum_{k=1}^{p}\frac{1}{2}(\hat{a}_k^2+\hat{b}_k^2) \\ &= \sum_{k=1}^{p}\frac{1}{2}\hat{C}_k^2=\sum_{k=1}^{p}S_k^2\end{aligned} \tag{6-33}$$

由此可见，序列$\{y_t\}$的总方差$S_y^2=\frac{1}{N}\sum_{t=0}^{N-1}(\hat{y}_t-\bar{y}_t)^2$可表为各谐波方差贡献及剩余方差之总和。由此可构造统计量

$F=\frac{\frac{1}{2}\frac{C_k^2}{2}}{(S_y^2-\frac{1}{2}C_k^2)/(N-2-1)}\sim F(2,N-3)$作为检验第$k$个谐波重要性的度量指标。这里统计量$F$服从自由度为$(2,N-3)$的$F$分布。根据给定的信度，利用$F_\alpha$检验，就可以逐个检验各个谐波的显著性。序列的周期项就可以表示成各个显著谐波的叠加，从而确定周期项函数模型。即：

$$v(t)=a_0+\sum_{k=1}^{m}(a_k\cos\omega_k t+b_k\sin\omega_k t) \tag{6-34}$$

式中，m为显著谐波的个数。

这样从作物种质资源原序列$H(t)$中扣除趋势项$h(t)$和周期项$v(t)$，剩余则是随机项$x(t)$。

$$x(t)=H(t)-h(t)-v(t) \tag{6-35}$$

(3) 随机项处理

假定随机成分 $x(t)$ 为平稳的，则 $x(t)$ 由平稳相依成分 $D(t)$ 和平稳独立随机成分（纯随机成分）$\varepsilon(t)$ 组成。即：$x(t)=\varepsilon(t)+D(t)$。

对于平稳的随机成分 $x(t)$，我们可以线性平稳随机模型来表示它的统计特征。可以考虑建立 $AR(p)$ 模型，一般自回归模型表示为：

$$x(t)=\mu+\varphi_1[x(t-1)-\mu]+\varphi_2[x(t-2)-\mu]+\cdots\cdots+\varphi_p[x(t-p)-\mu]+\varepsilon(t) \tag{6-36}$$

式中，μ 为随机序列的均值，$a(t)$ 与 $x(t-1),x(t-2),\cdots$ 无关，并且本身是独立的随机变量（均值为零，方差为 σ_ε^2），$\varphi_1,\varphi_2,\cdots,\varphi_p$ 为自回归的权重系数，通常称为自回归系数。由于独立随机变量 $\varepsilon(t)$ 的方差 σ_ε^2 和序列 $x(t)$ 的方差 σ^2 存在着一定关系，所以在一般自回归模型中的参数有 μ，σ 和 $\varphi_1,\varphi_2,\cdots,\varphi_p$。$\mu$ 表示序列 $x(t)$ 的平均水平，σ 表示 $x(t)$ 围绕均值变化的程度，$\varphi_1,\varphi_2,\cdots,\varphi_p$ 表示序列在时间上的相依程度。

建立 $AR(p)$ 模型分以下几个步骤：

● 步骤 1：模型类型的选择

通过对随机序列进行分析处理，根据下列公式绘制随机序列的自相关图。

$$r_k=\frac{\hat{C}_k}{\hat{\sigma}_t\,\hat{\sigma}_{t+k}} \tag{6-37}$$

式中，样本协方差 $\hat{C}_k$ 和方差 $\hat{\sigma}_t,\hat{\sigma}_{t+k}$ 分别以下列各式计算：

$$\hat{C}_k = \frac{1}{n-k}\sum_{t=1}^{n-k}(x_t - \bar{x}_t)(x_{t+k} - \bar{x}_{t+k}) \tag{6-38}$$

$$\hat{\sigma}_t = \left[\frac{1}{n-k}\sum_{t=1}^{n-k}(x_t - \bar{x}_t)^2\right]^{\frac{1}{2}} \tag{6-39}$$

$$\hat{\sigma}_{t+k} = \left[\frac{1}{n-k}\sum_{t=1}^{n-k}(x_{t+k} - \bar{x}_{t+k})^2\right]^{\frac{1}{2}} \tag{6-40}$$

式中，均值：$\bar{x}_t = \frac{1}{n-k}\sum_{t=1}^{n-k}x_t\ \bar{x}_{t+k} = \frac{1}{n-k}\sum_{t=1}^{n-k}x_{t+k}$，则：

$$r_k = \frac{\sum_{t=1}^{n-k}x_t x_{t+k} - \frac{1}{n-k}(\sum_{t=1}^{n-k}x_t)(\sum_{t=1}^{n-k}x_{t+k})}{\left[\sum_{t=1}^{n-k}x_k^2 - \frac{1}{n-k}(\sum_{t=1}^{n-k}x_t)^2\right]^{\frac{1}{2}}\left[\sum_{t=1}^{n-k}x_{t+k}^2 - \frac{1}{n-k}(\sum_{t=1}^{n-k}x_{t+k})^2\right]^{\frac{1}{2}}} \tag{6-41}$$

在大样本时，均值 $\bar{x}_t$ 和 $\bar{x}_{t+k}$ 都用样本均值 $\bar{x} = \frac{1}{n}\sum_{t=1}^{n}x_t$ 代替；同时，当 n 增大及 k 较小时，$\frac{n}{n-k} \to 1$，因此有：

$$r_k = \frac{\sum_{t=1}^{n-k}(x_t - \bar{x})(x_{t+k} - \bar{x})}{\sum_{t=1}^{n}(x_t - \bar{x})^2} \tag{6-42}$$

式中，时移（滞时）$k = 0,1,2,\cdots,m$。当 $n > 50$，可取 $m < \frac{n}{4}$，常取 $m = \frac{n}{10}$ 左右。在自相关图上加绘独立序列自相关系数置信水平为95%的容许限。若取 $\alpha = 0.05$，则自相关系数 r_k 容许限为：

$$r_k(\alpha = 0.05) = \frac{-1 \pm 1.96\sqrt{n-k-1}}{n-k} \tag{6-43}$$

若有 p 阶相关系数显著于独立序列，则原随机序列为一相依序列，可选用 $AR(p)$ 模型。

● 步骤 2：正态性转化

对随机序列 x_t 进行正态检验。原随机序列均值 $\bar{x}$ 及方差 s^2 ：$\bar{x}=\frac{1}{n}\sum_{j=1}^{n}x_j$ ；$s^2=\frac{1}{n-1}\sum_{j=1}^{n}(x_j-\bar{x})^2$ ；变差系数：$C_v=\frac{s}{x}$ ；偏态系数 $C_{sx}=\frac{1}{n-3}\sum_{i=1}^{n}(x_i-\bar{x})^3/s^{\frac{3}{2}}$ 。若序列为偏态分布，则需要进行正态性转化。

进行对数转换 $y_t=\ln(x_t-a)$ 后，序列 y_t 服从均值为 μ_y，方差为 σ_y^2 的正态分布，即 $N(\mu_x,\sigma_y^2)$ 。式中 a 为下限值。序列 y_t 即可按正态模型处理。获得模拟序列 y_t 后，按上式做反变换，即：$x_t=e^{y_t}+a$ ，便得大量模拟序列 x_t 。应用该法时需要估计四个参数 μ_y 、σ_y 、ρ_y 和 a ，它们和原始序列 x_t 的统计参数 μ_x 、σ_x 、ρ_x 和 C_{sx} 有关。

$$\eta=\left[\frac{\sqrt{C_{sx}^2+4}+C_{sx}}{2}\right]^{\frac{1}{3}}-\left[\frac{\sqrt{C_{sx}^2+4}-C_{sx}}{2}\right]^{\frac{1}{3}} \tag{6-44}$$

$$a=\mu_x-\frac{\sigma_x}{\eta} \tag{6-45}$$

$$\sigma_y=\sqrt{\ln(1+\eta^2)} \tag{6-46}$$

$$\mu_y=-\frac{1}{2}\ln\left[\frac{1+\eta^2}{(\mu_x-a)^2}\right] \tag{6-47}$$

$$\rho_y=\frac{1}{\sigma_y^2}\ln[(e^{\sigma^2 y}-1)\rho_x+1] \tag{6-48}$$

ρ_y 与 ρ_x 分别为序列 y_t 与 x_t 的一阶自相关系数。

● 步骤 3：模型形式的识别

模型形式的识别即定阶数 p 。主要方法是对偏相关系数进行统计分析。偏相关系数 φ_k 可用递推算法求得：

$$\varphi_{1,1}=\rho_1 \tag{6-49}$$

$$\varphi_{k+1,k+1}=(\rho_{k+1}-\sum_{j=1}^{k}\rho_{k+1-j}\varphi_{k,j})(1-\sum_{j=1}^{k}\rho_j\varphi_{k,j})^{-1} \tag{6-50}$$

$$\varphi_{k+1,j}=\varphi_{k,j}-\varphi_{k+1,k+1}\varphi_{k,k+1-j}(j=1,2,3,\cdots,k) \tag{6-51}$$

或者通过编程，采用尤尔—沃尔克估计法，应用 MATLAB 5.3 解矩阵：

$$\begin{bmatrix}\varphi_1\\ \varphi_2\\ \cdots\\ \varphi_p\end{bmatrix}=\begin{bmatrix}1 & \rho_1 & \rho_2 & \cdots & \rho_{p-1}\\ \rho_1 & 1 & \rho_1 & \cdots & \rho_{p-2}\\ \cdots & \cdots & \cdots & \cdots & \cdots\\ \rho_{p-1} & \rho_{p-2} & \rho_{p-3} & \cdots & 1\end{bmatrix}^{-1}\begin{bmatrix}\rho_1\\ \rho_2\\ \cdots\\ \rho_p\end{bmatrix} \tag{6-52}$$

求出偏相关系数容许限：$p\left\{|\bar{\varphi}_{k,k}|<\frac{1.96}{\sqrt{n}}\right\}=95.0\%$。当计算求解出的 φ_k 值落入容许限内，则选择 k 值作为阶数 $p=k$。

● 步骤 4：参数估计

$$\sigma_\varepsilon^2=\sigma^2(1-\varphi_1\rho_1-\varphi_2\rho_2-\cdots-\varphi_p\rho_p) \tag{6-53}$$

$\varphi_{k,k}$ 由求解偏相关系数时得出。

● 步骤 5：模型进一步识别

当选定阶数为 p 时，还可以利用 AIC 准则进一步识别随机序列，是否是一个含参数最少的模型。AIC 准则为：$AIC(p,q)=n\ln(\bar{\sigma}_\varepsilon^2)+2(p+q)$；分别计算 $AIC(p)$,$AIC(p-1)$,$AIC(p+1)$ 。若 $AIC(p)$ 是三者中最小的，则 $AR(p)$ 模

型是最好的，否则，应选取 AIC 最小的进一步进行比较。

● 步骤 6：模型的检验

主要检查残差项 ε_t 是否独立。

$$\varepsilon_t = x(t) - \mu - \varphi_1[x(t-1) - \mu] - \varphi_2[x(t-2) - \mu] - \cdots - \varphi_p[x(t-p) - \mu] \quad (6-54)$$

求出 $\varepsilon_1, \varepsilon_2, \varepsilon_3, \cdots, \varepsilon_n$，计算其自相关系数 $r_1(\varepsilon), r_2(\varepsilon), r_3(\varepsilon), \cdots, r_k(\varepsilon)$。通过计算统计量：$Q = n\sum_{k=1}^{m} r_k^2(\varepsilon)$ 则 Q 渐近服从自由度 $(m-p-q)$ 的 χ^2 分布。若 $Q < \chi^2(0.05)$，则 ε_t 为相互独立的假定可以接受。残差 ε_t 的正态性检验同前。

上述六步为建立 $AR(p)$ 模型的基本步骤。

（4）非平稳时序模型的建立

将上述趋势项模型 $h(t)$、周期项模型 $v(t)$ 及随机项模型 $x(t)$ 叠加，形成作物种质资源非平稳时序随机模型。

$$h(t) = b_0 + b_1 t + b_2 t^2 + b_3 t^3 + b_4 t^4 + b_5 t^{-1} + b_6 t^{-2} + b_7 t^{\frac{1}{2}} + b_8 t^{-\frac{1}{2}} + b_9 e^{-t} + b_{10} \ln t \quad (6-55)$$

$$v(t) = \hat{a}_0 + \sum_{k=1}^{p} (\hat{a}_k \cos\omega_k t + \hat{b}_k \sin\omega_k t) \quad (6-56)$$

$$x(t) = \mu + \varphi_1[x(t-1) - \mu] + \varphi_2[x(t-2) - \mu] + \cdots + \varphi_p[x(t-p) - \mu] + \varepsilon(t) \quad (6-57)$$

$$H(t) = h(t) + v(t) + x(t)(t = 1,2,3,\cdots,n) \quad (6-58)$$

建立时序模型，采用相关的监测方法进行作物种质资源的监测管理，对于种质资源的监测与保护具有重要意义。“九五”期间，我国开始进行作物种质资源信息共享示范，在国家重点科技攻关项目中设立了农作物种质资源信息共享专题。该专题的目标是提供作物种质资源保护和持续利用的决策信息，实现农作物种质资源信息的全面共享，提高农业部门为国家执行《生物多样性公约》作贡献的能力，提高为国家和部门决策服务的能力，促进我国农业的可持续发展。中国农业科学院作物科学研究所已经建立起中国作物种质资源信息共享网络，完善了作物种质资源信息规范；建立起作物种质资源元数据库；构建起农作物种质资源数据库检索系统和作物种质资源数据评价系统；实现了主网页与作物种质资源数据库的链接。相信不久的将来，采用时序模型对作物种质资源实行监测将变为现实。

6.5 代际作物资源财富量减少及其制约机制

6.5.1 代际间原生态和次生态作物资源的财富量减少

世界范围内栽培植物资源即作物遗传资源的总量正逐渐减少，作物资源的多样性已面临严重威胁。以我国为例，尽管已经建立了中长期作物品种资源库，但作物栽培种仍以每年15%的速度递减（娄希祉，2004），代际间原生态和次生态作物资源财富量急剧减少，种群的丰度、多度、盖度和频度等均呈下降趋势。全国20世纪50年代初种植的小麦品种多达10 000个，现在不足400个，生产中淘汰的品种资源大多为以品质见长的地方品种，遗传资源已经遗失（图6－5）；山东省1963年种植的花生品种有470个，1981年减少至30个，当前不足14个，品种资源大多丢失（图6－6）。同一作物品种资源如此，作物种群亦如此，上海郊区1959

年种植的蔬菜品种多达 308 种，到 1991 年只有 178 种，32 年减少了 44.8%，品种资源正在丢失。

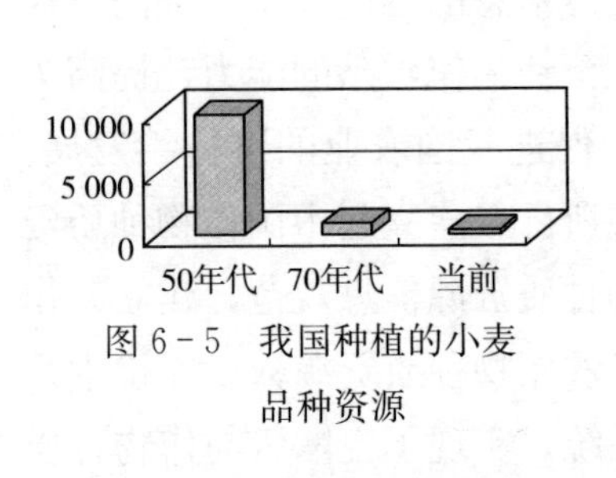

图 6－5　我国种植的小麦品种资源

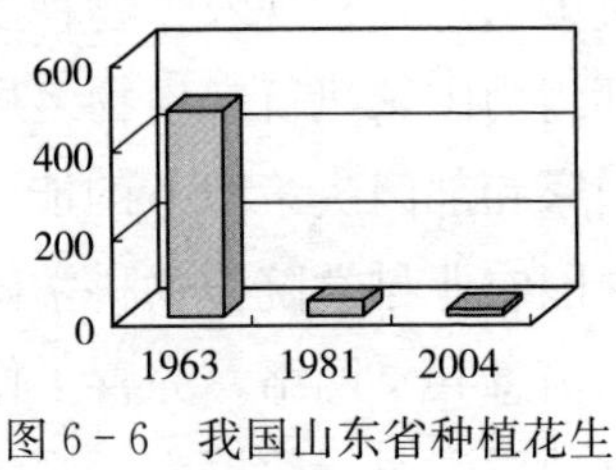

图 6－6　我国山东省种植花生品种资源情况

6.5.2　作物资源财富量减少的补偿原则

生态补偿遵循"谁破坏，谁受益，谁补偿"的原则和公平原则，从深层次来讲，这正是符合生态伦理学原则的。生态补偿机制的生态伦理学基础使这一机制更符合"实践是检验真理的唯一标准"的原则，更符合"地球人"的共同利益，并具有世界性的指导意义（周鸿，蒙睿，2005）。

假设代际间作物资源财富的减少量为 ΔM ，为了补偿下一代作物资源财富的减少，上一代必须将创造的财富或收入的一部分转移给下一代，财富的转移量至少为 ΔM 。

$$\begin{aligned}\Delta M &= M_{a-1} - M_a \\ &= V_{a-1}(S_{a-2} - C_{a-1} + S_{a-2} \times R_{a-1}) - \\ &\quad V_a(S_{a-1} - C_a + S_{a-1} \times R_a)\end{aligned} \tag{6-59}$$

a 代人要生产物质财富，它必须投入劳动力 L_a ，资本 K_a ，以及作物资源 S_a ，其生产规模的生产函数为：

$$S = f(L_a, K_a, S_a) \tag{6-60}$$

同时生产者在生产过程中获得收入。从劳动力出卖、资本服务和资源利用中得到收入 J 为：

$$J = W_a + r_a \times K_s + V_a \times C_a \tag{6-61}$$

式中，W_a 为工资量，r_a 为利息率。

为了使下一代所拥有的作物资源财富与上一代相同，上一代必须将获得收入的一部分向下一代转移，以补偿丢失掉的下一代人应拥有的作物财富，其收入转移至少应该满足下列关系式：

$$J \times u = \Delta M \tag{6-62}$$

式中，u 称为财富转移系数，其基本含义是需要按多大的比例将财富转移给下一代，才不致于使下一代所拥有的作物资源财富减少，将式（6-62）进行变换，并将式（6-59）、式（6-61）代入，则得到式（6-63）：

$$u = \frac{\Delta M}{J} = \frac{V_{a-1}(S_{a-2} - C_{a-1} + S_{a-2} \times R_{a-1}) - V_a(S_{a-1} - C_a + S_{a-1} \times R_a)}{W_a + r_a \times K_s + V_a \times C_a} \tag{6-63}$$

式中，$0 \leqslant u \leqslant 1$。当 $u=0$ 时，就是下文中将讨论的“作物资源开发利用模式”（详见第九章），该种模式不需要向下一代转移财富，也能保持持续发展；当 $u=1$ 时，意即将收入财富的全部转移给下一代，这种模式在理论上是可以成立的，在实际经济生活中是难以做到的。因为无论哪一代人，他们必须满足自己一代人生存需求的同时，才能考虑下一代人的需求，他们不可能不做任何消费完全将其全部收入作为积累遗传给下一代。如果真的将全部收入转移给下一代人，那么这一代人的发展受到极大的限制，代际间的发展是不均衡的，也不符合可持续发展中机会均等的原则。

6.5.3 转基因作物非生态性偏差的补偿

鉴于生态补偿机制深厚的生态伦理学基础，使“谁破坏，谁受益，谁补偿”机制更符合马克思主义的“实践是检验真理的唯一标准”的原则，也正如前面所言，更符合“地球人”的共同利益，也更得天下民心，并具有世界性的指导意义。

作物资源的“非生态性偏差”是作物资源存在于作物生态系统中所表现出来的非生态性存在。“非生态性偏差”是作物满足当代人生产和生活需要的主观性选择的结果，作物满足当代人需求的非自然生态性越多，则作物资源的非生态性偏差越大。但强加于作物的满足当代人需求的主观性选择不一定满足下几代人或存续较远的后人的需求，因此，应进行转基因作物非生态性偏差的补偿。

每个经过安全储备期，并进行市场化的转基因作物品种都应对可能造成的生态偏差进行经济补偿，这种补偿一方面用于作物种质资源文库的运转，另一方面用于可能的生态环境潜在破坏的维护，以保持作物种质资源的自然生态性。转基因作物的补偿量：

$$Q = \frac{1}{n}\sum_{i=1}^{n} M_i \qquad (6-64)$$

式中，i 为转基因作物品种可能威胁到的同类作物品种的数量，n 为转基因作物品种的种植代数。

7 作物种质效应函数与种质运筹管理

7.1 作物种质效应函数

7.1.1 作物种质效应的内涵

"种瓜得瓜、种豆得豆"，关于作物种质的遗传效应自古便有描述。但随着现代生物技术的发展，虽然种豆不能得瓜，可建立在基因工程基础上的作物种质的人为运筹已成为现实。人们可以通过对种质的运筹，改变某一种质的生存势或抗逆能力以及品质元素，直接或间接地提高作物产品的产量和质量。种质效应反映种质元素的生产能力与作物产（质）量之间的数量关系。

7.1.2 作物种质效应函数的一般概念

种质效应反映种质元素的生产能力与作物产（质）量之间的数量关系，这种数量关系可以用数学函数表示，此函数即为种质效应函数（Germplasm effect function）。作物种质效应函数的建立首先假定任何一种种质元素的种质效应都有一个相应的基本单元，即种质效应的基本单元，每个目的基因的种质效应都是以这一单元为基本单位，体现种质运筹的量。假设有益目的基因为高密度富集，并建立起目的基因转化的效应顺序与等梯度。再按照数学思维确立转化目的基因的种质效应与受体作物的产（质）量间的函数关系。

作物种质效应是许多效应因子的集合，种质效应受各效应因子的共同制约，持续增加任何单一种质元素的效应，都会产生效应递减规律。因此，根据效应递减规律可以推测出作物种质效应函数的可能模式。

作物种质效应是研究作物种质运筹效益的基础。根据种质效应函数，把有益基因看作是一种资本，运用边际效应理论分析增产值和运筹利润之间的关系及其变化，从而确定经济最佳运筹方案。

7.1.3 研究作物种质效应函数的现实意义

作物种质资源也像其他自然资源一样，不是取之不尽，用之不竭的。我们每转化一个远缘基因，就破坏了作物品种乃至物种的固有生态性，就打破了作为天然屏障的一个物种界限，就淡化了物种差异，就等于人为地在消除一个种。那么，关于基因的转化和利用如何论证呢？种质效应函数的研究，可使有益目的基因的开发与利用更细微、更完善。

现代生物技术的发展，使有益目的基因的发掘与利用成为可能，但关于有益目的基因的利用是否存在着浪费的问题，似乎无人提及，也少有人关心。例如，大豆生产与我们的生活息息相关，其既是粮食作物又是经济作物，有关大豆疫霉根腐病的抗病性问题一直困扰育种界，很多育种人员将眼光放在大豆以外的外源基因的发掘上。2003 年，东北农业大学大豆研究所（杨秀红等，2003）成功挖掘并克隆出大豆的相关抗病基因，并已经运用在育种实践中。可以利用常规技术手段解决的问题，不提倡一定要借助转基因技术来解决。基因的开发利用应提倡厉行节约。节约首先是观念，进而建立促进节约的合理运筹机制。作物种质效应函数就是把目的基因看作是一种资本，反映的是种质运筹量与运筹利润的关系。我们可以根据种质效应函数确定合理的经济运筹量，以提高目的基因转化的经济性，克服盲目性和主观倾向性，使植物基因工程手段更趋向于科学化、合理化和人性化。

7.2　作物种质效应函数模式和性质

7.2.1　单一基因转化的种质效应函数的可能模式

7.2.1.1　直线相关

假若被转化的目的基因是用于改造作物品种最弱的限制性因子（A），则随转化目的基因A效应的增强，作物品种的产量或质量按一定比例增加，只有当其他效应因子（B）成为限制性因子时为止；当以效应因子（B）为改良目标，继续按函数形式转化目的基因B，则作物品种的产（质）量继续按比例增加，直到下一个效应因子成为限制性因子时为止。符合以下函数关系：

$$y = y_0 + kx \qquad (7-1)$$

式中，y 为作物品种的产量或品质；x 为转化目的基因的种质效应；y_0 为转化前的品种产（质）量；k 为种质效应系数。这是单一因素种质运筹的理想态。

7.2.1.2　曲线相关

（1）指数函数

假如作物品种的产（质）量与运筹转化的目的基因的种质效应是指数相关关系，并假定指数函数符合：

$$\frac{\mathrm{d}y}{\mathrm{d}x} = C_1(A - y) \tag{7-2}$$

若积分并假定 $x = 0$ 时，$y = 0$，则得：

$$y = A(1 - e^{-C'x}) \tag{7-3}$$

$$y = A(1 - 10^{-C'x}) \tag{7-4}$$

式中，y 为转化目标基因 x 的产（质）量；A 为因素 x 可能达到的最高产（质）量或称为极限产（质）量；x 代表转化目的基因的种质效应；$\frac{\mathrm{d}y}{\mathrm{d}x}$ 为每转化一个种质效应单位的产（质）量的增加量；C'、C_1 为效应系数；e 为自然对数。式中的 C 值应随转化受体种类的不同而变化。

此式表明，运筹的种质效应与作物产质量的关系是指数函数曲线形式，说明作物品种产（质）量随目标基因种质效应的增强而按一定的效应渐减率增加，最后趋向于极限产（质）量。

按常规分析，任何被转化目标基因的受体其作为作物品种都具有初级的产（质）量的形成能力，因此以上的指数函数应优化为：

$$y = A[1 - 10^{-C(b_0 + x)}] \tag{7-5}$$

式中，b_0 为转化受体的初级种质效应。或优化为：

$$y = y_0 + A(1 - 10^{-Cx}) \tag{7-6}$$

式中，y 为运筹后作物品种的产（质）量表现；y_0 为运筹前的产（质）量表现。

（2）二次抛物线函数

①二次平方式。当作物种质运筹转化目的基因的种质效应超过种质因素 x 可能达到的最高产（质）量或极限产（质）量时，作物的产（质）量可能会随因素 x 的种质效应的增强而降低。此时为了反映超过极限运筹量而减产或降质，可用二次抛物线函数反映种质效应与产（质）量之间的函数关系。首先假设逐步运筹的产（质）量增加和极限产（质）量种质效应与当前种质效应之差成正比例，其数学函数为：

$$\frac{\mathrm{d}y}{\mathrm{d}x}=C(b_{\max}-x) \tag{7-7}$$

式中，y 为现有种质效应的作物品种的产（质）量；$b_{\max}$ 为极限产（质）量时的种质效应的运筹量；C 为效应系数。若将此式积分简化可得：

$$y=b_0+b_1x+b_2x^2 \tag{7-8}$$

式中，b_0 为目标基因转化前的产（质）量；b_1，b_2 为效应系数；b_1 为起始时种质效应的趋势；b_2 为种质效应增减的程度，反映效应曲线的曲度变化。此式表明，当 $b_1>0$，$b_2<0$ 时，种质效应与作物产（质）量的关系呈二次抛物线形式。作物产（质）量随种质效应的增加按效应渐减率增加，超过最高产（质）量点后，作物品种的产（质）量随种质效应的增强而降低。此二次抛物线函数可以反映出超过最高产（质）量后，产（质）量递减的效应。

上式的一阶导数为：$\frac{\mathrm{d}y}{\mathrm{d}x}=b_1+2b_2x$

式中，$\frac{\mathrm{d}y}{\mathrm{d}x}$ 即为边际产（质）量。假如 $x=0$，$\frac{\mathrm{d}y}{\mathrm{d}x}=b_1$，$b_1$ 为平均每个梯度种质效应产（质）量增加，即 b_1 值决定

了起始时种质运筹的产（质）量增加，一般为正值。

当 $\frac{dy}{dx}=0$ 时，若 $\frac{d^2y}{dx^2}=2b_2>0$，此函数有一极小值。

当 $\frac{dy}{dx}=0$ 时，若 $\frac{d^2y}{dx^2}=2b_2<0$，则函数有一极大值，此时产（质）量按一定的渐减率增加，当 $\frac{dy}{dx}=b_1+2b_2x=0$，$b_2=0$ 时，曲线即为直线型。

②平方根式。假如作物种质效应函数是用平方根多项式反映的效应曲线，其数学式可以为：

$$y=b_0+b_1x^{0.5}+b_2x \tag{7-9}$$

此式可以反映超过最高产（质）量运筹后的产（质）量递减效应。当 $b_1>0$，$b_2<0$ 时，作物品种的产（质）量随种质效应的增加而按效应渐减率增加，起始阶段的种质效应比较明显，产（质）量的曲线斜率较大，而后表现平缓，超过最高值后，产（质）量随种质效应的增加而减少。

对 $y=b_0+b_1x^{0.5}+b_2x$ 求一阶导数：

$$\frac{dy}{dx}=0.5b_1x^{-0.5}+b_2$$

$$\frac{d^2y}{dx^2}=-\frac{1}{4}b_1x^{-1.5}$$

当 $b_2>0$ 时，曲线呈效应递增型，作物的产（质）量随种质效应的增加按渐增率增加。

当 $b_2<0$ 时，曲线呈效应递减型，作物的产（质）量随种质效应的增加按渐减率增加。起始阶段的种质效应比较明显，此时产（质）量增加的曲线斜率较大，而后表现平缓，超过最高的产（质）量点后，作物品种的产（质）量随种质

效应的增加而降低。

当 $\frac{dy}{dx}=0$ 时，为最高产（质）量的运筹量，$x=\frac{1}{4}(\frac{-b_1}{b_2})^2$

若种质效应函数曲线介于二次平方式和平方根式之间，可进行二次方程式的 1.5 次变换式：

$$y=b_0+b_1x+b_2x^{1.5} \tag{7-10}$$

边际产（质）量为 $\frac{dy}{dx}=b_1+1.5b_2x^{0.5}$

当 $b_2>0$ 时，曲线呈效应递增；当 $b_2<0$ 时，曲线呈效应递减；当 $b_2=0$ 时，曲线呈直线型。当边际产（质）量 $\frac{dy}{dx}=0$ 时的种质运筹量为最高产质量时的种质运筹量，$x=(\frac{-b_1}{1.5b_2})^2$。

7.2.1.3　逆多项式

假设作物种质效应函数是逆线性函数，则可假设：

$$y=\frac{b_0+b_1x+b_2x^2}{1+b_3x} \tag{7-11}$$

式中，b_0 为种质运筹前的作物品种产（质）量；b_1, b_2, b_3 为种质效应系数；y 为种质效应为 x 时的产（质）量。

边际产（质）量：$\frac{dy}{dx}=\frac{b_1-b_0b_3+2b_2x+b_2b_3x^2}{(1+b_3x)^2}$

当边际产（质）量 $\frac{dy}{dx}=0$ 时，此运筹量即为最高产（质）量时的种质运筹量：

$$x=\frac{-b_2-\sqrt{b_2^2-b_2b_3(b_1-b_0b_3)}}{b_2b_3}$$

种质效应函数若为逆二次函数，则可以表示为：

$$y = \frac{b_0 + b_1 x}{1 + b_2 x + b_3 x^2} \tag{7-12}$$

式中，b_0 为作物种质的原始产（质）量表现；b_1，b_2，b_3 为种质效应系数。

$$\frac{\mathrm{d}y}{\mathrm{d}x} = \frac{b_1 - b_0 b_2 - 2b_0 b_3 x - b_1 b_3 x^2}{(1 + b_2 x + b_3 x^2)^2}$$

最高产（质）量的种质运筹量：

$$x = \frac{b_0 b_3 - \sqrt{(b_0 b_3)^2 + b_1 b_3 (b_1 - b_0 b_2)}}{-b_1 b_3}$$

上述两个逆多项式所反映的是作物种质效应函数介于二次多项式与平方根多项式形式之间的函数形式。

7.2.1.4　三次多项式

当作物品种某一种质要素处于极度弱势，具有极大可改良空间时，目的基因转化后的种质效应曲线可能会表现为三次抛物线。此时的种质效应函数表现为三次多项式：

$$y = b_0 + b_1 x + b_2 x^2 + b_3 x^3 \tag{7-13}$$

三次抛物线形种质效应曲线表现为以下特点：①在某一品种元素种质效应很弱的情况下，运筹单位量的种质效应，作物品种产（质）量随种质效应的增加而递增，直至达到某一转向点为止；②超过转向点后，作物品种的产（质）量增加随种质效应单位量的增强而递减，产（质）量按效应渐减率增加，直到最高的产（质）量点为止；③超过最高产（质）量，继续提高种质效应，增加种质运筹量，则作物品种的产（质）量会随种质效应的增强而递减，出现负效应。但产（质）量的递减率可能小于到达极限产（质）量前的递增率。

三次多项式：$y=b_0+b_1x+b_2x^2+b_3x^3$ ，可以同时反映边际产（质）量的递增、渐减性递增和递减的效应，当 $x=0$ 时，$\frac{dy}{dx}=b_1$ ，因此 b_1 反映起始阶段种质效应的产（质）量增加趋势。

二阶导数和三阶导数为：

$\frac{d^2y}{dx^2}=0$ ，$\frac{d^3y}{dx^3}<0$，即 $b_3<0$，边际产（质）量有一极大值，产（质）量曲线呈凹形，至 $\frac{d^2y}{dx^2}=0$ 时，边际产（质）量达到最高点，该点为产（质）量曲线的转向点，此时的种质运筹量为 $x=\frac{b_2}{-3b_3}$。超过转向点，边际产（质）量递减，产（质）量曲线呈凸形，到达 $\frac{dy}{dx}=0$ 时，产（质）量达到最高点，此时的种质效应即为种质运筹的最佳量。超过此点，$\frac{dy}{dx}<0$ 时，产（质）量随种质运筹量的增加而递减。

当 $\frac{d^3y}{dx^3}>0$，$b_3>0$ 时，边际产量递增，但无最高产（质）量点，不符合种质效应渐减性的变化规律。

7.2.2 多基因共转的种质效应回归方程的可能模式

两个或两个以上的多基因共转的种质运筹，受体品种的产（质）量受多个种质效应因子的制约。二元种质效应表现为种质效应曲面，三元及三元以上效应因子的种质运筹不能用几何图形反映种质效应。假定多基因共转的为产量或质量的同一类种质元素，则可建立以下几类的函数形式。

7.2.2.1　二元二次式

$$y = b_0 + b_1x_1 + b_2x_1^2 + b_3x_2 + b_4x_2^2 + b_5x_1x_2 \tag{7-14}$$

式中，b_1，b_2 为 x_1 的主效应系数；b_3，b_4 为 x_2 的主效应系数；b_5 为 x_1，x_2 的互作效应系数，当 $b_5>0$ 时，表现为正互作效应，当 $b_5<0$ 时，表现为负互作效应。

二元种质效应函数的边际产（质）量可根据种质效应函数求得，如下式：

$$\frac{\partial y}{\partial x_1} = b_1 + 2b_2x_1 + b_5x_2$$

$$\frac{\partial y}{\partial x_2} = b_3 + 2b_4x_2 + b_5x_1$$

当 $\frac{\partial y}{\partial x_1} = \frac{\partial y}{\partial x_2} = 0$，$\frac{\partial^2 y}{x_1^2}<0$，$\frac{\partial^2 y}{\partial x_2^2}<0$；且 $\frac{\partial^2 y}{\partial x_1^2} \times \frac{\partial^2 y}{\partial x_2^2} > (\frac{\partial^2 y}{\partial x_1 \times \partial x_2})^2$ 时，则函数有一极大值，效应曲面呈凸形，等产（质）量投影为一椭圆形，极大值即为椭圆的中心点。此点的种质效应即为最佳的种质运筹量。

当产（质）量恒定时，可得等产（质）线（等效应线）方程，如下式：

$$b_0 + b_1x_1 + b_2x_1^2 + b_3x_2 + b_4x_2^2 + b_5x_1x_2 - y = 0$$

$$x_1 = \frac{-(b_1 + b_5x_2) \pm \sqrt{(b_1 + b_5x_2)^2 - 4b_2(b_0 + b_3x_2 + b_4x_2^2 - y)}}{2b_2}$$

由上式可求出一定产（质）量水平的 x_1，x_2 的对应值，依此可绘制出某一产（质）量水平的等产量线或等品质线即

“等效应线”。

二元平方根多项式：

$$y = b_0 + b_1 x_1^{0.5} + b_2 x_1 + b_3 x_2^{0.5} + b_4 x_2 + b_5 x_1^{0.5} x_2^{0.5} \tag{7-15}$$

式中，b_1，b_2 为 x_1 的主效应系数；b_3，b_4 为 x_2 的主效应系数；b_5 为 x_1，x_2 的互作效应系数，当 $b_5 > 0$ 时，表现为正互作效应，当 $b_5 < 0$ 时，表现为负互作效应。

依种质效应函数求边际产量：

$$\frac{\partial y}{\partial x_1} = 0.5 b_1 x_1^{-0.5} + b_2 + 0.5 b_5 x_1^{-0.5} x_2^{0.5}$$

$$\frac{\partial y}{\partial x_2} = 0.5 b_3 x_2^{-0.5} + b_4 + 0.5 b_5 x_1^{0.5} x_2^{-0.5}$$

7.2.2.2 三元二次方程

三个目的基因共转的种质运筹，受体品种的产（质）量受三个种质元素的影响。如果种质效应函数符合三元二次式，则回归方程为：

$$y = b_0 + b_1 x_1 + b_2 x_1^2 + b_3 x_2 + b_4 x_2^2 + b_5 x_3 + b_6 x_3^2 + b_7 x_1 x_2 + b_8 x_1 x_3 + b_9 x_2 x_3 \tag{7-16}$$

式中，b_1，b_2，b_3，b_4，b_5，b_6 分别为 x_1，x_2，x_3 的主效应系数；b_7，b_8，b_9 分别为 $x_1 x_2$，$x_1 x_3$，$x_2 x_3$ 的互作效应系数。

三元种质元素种质效应的边际产（质）量，即产（质）量对于 x_1，x_2，x_3 的偏导数，如下式：

$$\frac{\partial y}{\partial x_1} = b_1 + 2b_2 x_1 + b_7 x_2 + b_8 x_3$$

$$\frac{\partial y}{\partial x_2} = b_3 + 2b_4 x_2 + b_7 x_1 + b_9 x_3$$

$$\frac{\partial y}{\partial x_3} = b_5 + 2b_6 x_3 + b_8 x_1 + b_9 x_2$$

当两种元素的运筹量恒定时，即可求出另一种元素的边际产（质）量。

当 $\frac{\partial y}{\partial x_1}=\frac{\partial y}{\partial x_2}=\frac{\partial y}{\partial x_3}=0$ 时，此函数有一极大值，此种质运筹量即为最佳种质效应。

若种质效应函数为三元二次平方根多项式，则有：

$$y=b_0+b_1x_1^{0.5}+b_2x_1+b_3x_2^{0.5}+b_4x_2+b_5x_3^{0.5}+b_6x_3+b_7x_1^{0.5}x_2^{0.5}+b_8x_1^{0.5}x_3^{0.5}+b_9x_2^{0.5}x_3^{0.5} \quad (7-17)$$

则边际产（质）量如下式：

$$\frac{\partial y}{\partial x_1}=0.5b_1x_1^{-0.5}+b_2+0.5b_7x_1^{-0.5}x_2^{0.5}+0.5b_8x_1^{-0.5}x_3^{0.5}$$

$$\frac{\partial y}{\partial x_2}=0.5b_3x_2^{-0.5}+b_4+0.5b_7x_1^{0.5}x_2^{-0.5}+0.5b_9x_2^{-0.5}x_3^{0.5}$$

$$\frac{\partial y}{\partial x_3}=0.5b_5x_3^{-0.5}+b_6+0.5b_8x_1^{0.5}x_3^{-0.5}+0.5b_9x_2^{0.5}x_3^{-0.5}$$

7.2.3 多基因共转的种质效应回归方程的性质

上文提到，种质运筹采用多个目标基因共转时，受体作物品种的产（质）量受共转效应因子的共同影响。对于二元因素，可用种质效应曲面来表示两种因素的组合效应与产（质）量的关系。当三个以上的基因共转时，则不能用几何图形反映种质效应。

7.2.3.1 多因素种质效应方程式回归系数分析

以二元二次效应函数为例：

$$y=b_0+b_1x_1+b_2x_1^2+b_3x_2+b_4x_2^2+b_5x_1x_2$$

当 x_2 为若干恒定值时，$x_2=x_{2i}(i=1,2,3\cdots\cdots)$ 时，上式改为：

$$y=(b_0+b_3x_{2i}+b_4x_{2i}^2)+(b_1+b_5x_{2i})+b_2x_1^2 \tag{7-18}$$

令 $b'_0=b_0+b_3x_{2i}+b_4x_{2i}^2$，$b'_1=b_1+b_5x_{2i}$，$b'_2=b_2$

$$y=b'_0(b_0+b_3x_{2i}+b_4x_{2i}^2)+b'_1(b_1+b_5x_{2i})x_1+b'_2x_1^2 \tag{7-19}$$

因此，两元素共转时，其中一种元素（如 x_1 ）的效应系数决定另一元素的效应发挥，自由项（ b_0 ）是相应元素恒定值的二次三项式，元素的一次主效应系数（ b'_1 ）为第二元素的简单线性函数，而表示元素作用曲率的系数 b'_2 则应与第二元素无关。

7.2.3.2 边际产（质）量

多元种质效应函数中，某一元素的边际产（质）量是其他元素效应恒定时，种质效应单位运筹量的增强所带来的产（质）量增加。

任一种质元素的边际产（质）量都可由种质效应函数求得，即产（质）量 y 对该元素的偏导 $\frac{\partial y}{\partial x_i}$，若种质效应函数为:

$$y=b_0+b_1x_1+b_2x_1^2+b_3x_2+b_4x_2^2+b_5x_1x_2$$

则
$$\frac{\partial y}{\partial x_1}=b_1+2b_2x_1+b_5x_2$$

$$\frac{\partial y}{\partial x_2}=b_3+2b_4x_2+b_5x_1$$

若 $y=b_0+b_1x_1^{0.5}+b_2x_1+b_3x_2^{0.5}+b_4x_2+b_5x_1^{0.5}x_2^{0.5}$

则
$$\frac{\partial y}{\partial x_1}=0.5b_1x_1^{-0.5}+b_2+0.5b_5x_1^{-0.5}x_2^{0.5}$$

$$\frac{\partial y}{\partial x_2}=0.5b_3x_2^{-0.5}+b_4+0.5b_5x_1^{0.5}x_2^{-0.5}$$

理论上，种质效应均应符合种质效应递减规律。$\frac{\partial y}{\partial x}=0$，即各元素的边际产（质）量为零时，即达到最佳的产（质）量，此时的种质运筹量为最佳运筹量。

7.2.3.3 种质效应曲面和等效应线

对于二元因素的种质运筹，可用种质效应曲面来表示两种因素的组合效应与产（质）量的关系。当某一种质效应表现为显著时，该元素的种质效应曲线将随运筹量的增加而急剧上升，效应曲面也必然沿该元素坐标轴的方向急剧升高。两种元素的主效应决定效应曲面的特性，两种元素的互作效应影响曲面的形态。当互作效应为正效应时，则曲面顶部的斜率较大；当互作效应为负效应时，则曲面顶部比较平坦。因此，二元种质效应曲面的形式受两种元素的种质效应及其互作效应的影响。

种质效应曲面上产（质）量相同的各点连线在底平面上的垂直投影即为等产量线或等质量线，统称“等效应线”。等效应线距原点越近，产（质）量水平越低；反之越高。产（质）量水平较高的等效应线的曲率一般较大，特别是互作效应为正效应时尤为明显。根据经验，回归方程符合平方式的函数等效应线应为椭圆形，平方根函数的等效应线为不规则形。

为了简化起见，种质效应函数的模型建立是假设转化的种质元素与作物品种固有的相关元素不发生互作效应，而事实上转化的种质元素与作物品种固有的相关元素间的互作效应是存在的。另外关于作物种质的产量元素和品质元素间的互作效应用一个统一的标准界定有困难，所以很难确定一个品质元素和一个产量元素，或者几个产量元素和若干品质元素共转后的种质效应函数形式。这就预示着以上函数有其局限性，需要今后进一步完善。

7.3 作物种质运筹的原理与决策

近期，作物育种界引入了“作物分子设计育种”，以生物信息学为平台，以基因组学和蛋白组学等若干个数据库为基础，综合作物育种学流程中的作物遗传、生理、生化、栽培、生物统计等所有学科的有用信息，根据具体作物的育种目标和生长环境，在计算机上设计最佳方案，然后开展作物育种试验的分子育种方法（万建民，2006）。与常规育种方法相比，作物分子设计育种首先在计算机上模拟实施，考虑的因素更多、更周全，因而所选用的亲本组合、选择途径等更有效，更能满足育种的需要，可以极大地提高育种效率。分子设计育种在未来实施过程中将是一个结合分子生物学、生物信息学、计算机学、作物遗传学、育种学、栽培学、植物保护、生物统计学、土壤学、生态学等多学科的系统工程。作物分子设计育种是一个综合性的新兴研究领域，将对未来作物育种理论和技术发展产生深远的影响。现代育种手段的微观化拓展使现代生物技术条件下作物种质的运筹成为可能。

7.3.1 作物种质运筹的基本原理

作物种质运筹，尤其是利用植物基因工程技术手段对作物种质生存势、抗逆性及品质进行统筹，是提高作物产量、改善品质，满足人类生存需求的重要技术措施。

自20世纪80年代获得首个转基因植物以来，人们相继获得了数以百计的性状优异的修饰类的作物种质（创造性的种质资源），仅农杆菌转化成功的植物种类就多达100多种。关于种质运筹的资源——目的基因的开发，也获得了突破性进展。人们相继筛选出用于抗植物虫害的bt基因、蛋白酶抑制剂基因、植物凝集素基因、淀粉酶抑制剂基因、胆固醇氧化酶基因、营养杀虫蛋白酶基因、系统肽基因、非蛋白质类杀虫剂调控基因等（王关林，方宏筠，2002）。所有这些目的基因的“诞生”为种质资源的人为运筹提供了丰富的基因资源。人们可以通过单一目的基因的转化和多效应目的基因的共转来达到改善目标作物的生理指标或营养指标的目的。但作物种质资源的运筹是有边界的，绝不是随意地满足人类主观意愿的任意妄为。作物种质运筹的基本前提是生态允许或生态无害；追求目标是经济产出最大化。

作物生产中，农作物的产量和质量受综合因子的影响，这些因子总体可分为两类：①作物种质的内在因素，具体指作物种质的遗传效应；②对作物产量和质量产生作用的环境因素：既有对作物产量和质量产生直接影响的如水分、养分、空气、温度、光照等直接性环境因子，又有冰雹、台风、暴雨和冻害等的间接性环境因子。作物生产经济效益的产生是以上各因子综合作用的结果。其中作物种质的遗传效应是诸因素中的主导因素。

在传统的种质运筹观念中，种质资源效应对作物生产的经济结果可以形成以下的函数形式：

$$O = f(y,q) \tag{7-20}$$

式中，O 代表经济结果，y 代表种质资源的产量效应，q 代表种质资源的质量效应。对于作物生产的经济结果，y 和 q 可以都表现为正效应；也可能 y 表现为正效应，q 表现为负效应；或 y 表现为负效应，q 表现为正效应。但总的种质效应必表现为正效应，否则目标资源的价值将被否定，目标资源将被淘汰。

传统的种质运筹思维忽略了人的主观倾向性改造对环境可能造成的影响以及危害。人的行为对环境往往是有伤的，因此种质资源的人为运筹对环境的影响表现为种质资源的负效应。修正后的种质效应对作物生产经济结果的函数形式为：

$$O = f(y,q,e) \tag{7-21}$$

其既体现了种质运筹后种质综合经济产出能力的增加，又体现了种质人为运筹后对于环境影响的负面经济因素。当总的经济结果表现为正效应时，则种质运筹行为表现为有利。

根据可持续发展的经济原理，有利的行为不一定是可持续的。所以关于种质运筹行为的论证应采取双标尺，一方面是经济标尺，另一方面是生态标尺。经济标尺体现为经济产出最大化，生态标尺表现为生态无害、微害、生态允许。

7.3.2 作物种质运筹决策系统

前面已经提到，关于种质运筹的决策有三个指标：技术最佳值、经济最佳值和环境最佳值（也叫生态最佳值）。分别体现以现有生物技术获得的目标为衡量尺度的作物种质运筹，以理论上获得最大经济收益的种质资源经济统筹和种质运筹的环境允许边界。

以上三个指标缺一不可，彼此联系、互为补充。建立在现代作物资源伦理观基础上的作物种质运筹，提倡以技术认知统领，以经济理论统筹，以环境（或生态）尺度论证。图7-1是作物种质运筹的决策层次：

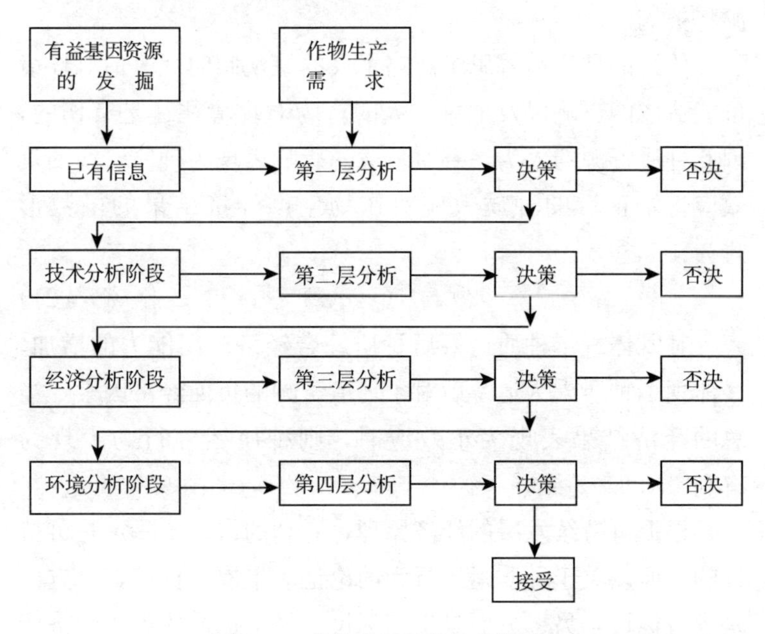

图7-1　作物种质运筹的决策层次

图7-1反映了现代生物技术条件下，作物种质运筹的决策流程。

首先是有益基因资源的发掘，获得大量有益目的基因的基础信息，根据作物生产需求确定种质运筹的可能性和可行性，完成第一层次的分析。若决策为可行，则进入下一个决策层次。

技术分析阶段主要进行外源目的基因转化后的生物学影响分析。具体包括，标记基因（一类是选择基因，另一类是报告基因）对受体植株的影响、外源基因插入对转化植株的影响、外源基因对作物的影响以及转化后的受体作物的基因组结构和染色体变化；花粉媒体活性、植物竞争能力、杂交和自交状况；种群动力学分析、遗传稳定性分析等。

经济分析阶段的分析和论证内容主要指目的基因转化的经济学分析，根据种质效应函数确定合理的经济运筹量，进而确定理想的目标基因。

环境分析阶段主要进行外源目的基因转化后的生态学影响分析。通过生物地理学方法监控、本土适应性分析、异地繁殖力、引种试验的分析等，确定转化后的受体作物对生态系统的侵入率和侵害情况，通过多样性指数、RFLP、空间模式分析并确定转化后的受体作物对群体结构和生物多样性的影响等。表 7-1 列举了部分论证项目及其测试方法（原始资料来源于转基因作物生态风险分析与决策程序，马克平等，2005；转基因植物风险评估流程，樊龙江等，2001）。根据环境影响分析，确定作物资源非生态性偏差的生态危害路径，从而，分析非生态性偏差的存量危害等级，进行环境阶段的取舍论证。

表 7-1　部分论证项目及其测试方法

分析内容	测试方法
种群	
种群动力学、恢复	萌发试验（强制杂交、F 参数统计）、半衰期、微卫星标记、（rDNA 分析）、群体有效规模分析

（续）

分析内容	测试方法
花粉扩散	来源分析、花粉量测定、花粉传播测定、花粉生活力测定
基因流、杂交、基因渗入	SSR、DNA 测定、F 参数统计、单倍体测试、减数分裂、形态特征分析、蛋白质电泳（同工酶分析）、SSR、RFLP
遗传稳定性、多样性、遗传漂移、异交	适应性测定、遗传距离、自交和异交率等
生态系统	
侵入、侵入率	生物地理学方法监控、本土适应性分析、异地繁殖力、引种试验
生物多样性、群体结构	多样性指数、SNP、空间模式分析

作物种质运筹决策系统是一个多因子、多路径的复杂系统，完整的种质运筹决策呼唤多学科的交融。生态的自然发展、社会的繁荣进步都需要科学技术决策的科学性，转基因生物技术作为 21 世纪的一次革命，更需要完善的评估体系和科学的决策系统。

8

植物基因工程条件下作物资源的管理

8.1 对转基因技术的争议及生物安全

8.1.1 转基因技术争议

植物基因工程技术（CGE）被认为是继工业革命和计算机革命后的第三次技术革命。其中主要有以下几个重要原因：①转基因技术为解决人类的食物短缺提供了有效的办法。由于人口的增长和收入的增加，在今后 25 年的时间里，全球对食品的需求将至少增加 50%。据预测，到 2030 年世界人口将为 100 亿，其结果可能会导致全球食物短缺。为实现在更少的土地上生产出更多的食品，转基因技术有望能解决全球的粮食危机。②通过转基因技术，可以增加食品的种类、改进食品的营养成分、延长货架期，增加作物的抗虫害能力、耐严寒、抗高温、耐盐碱、抗倒伏、抗除草剂的能力等。这些优点能够极大地满足人们日益增长的物质需要，从而会创造出巨大的经济效益和社会效益。③抗除草剂的转基因大豆、油菜籽、棉花、玉米及耐虫害转基因棉花等的种植，有望减少化学农药的施用量，大大降低对水源和生物多样性的危害，减少环境的污染和生态系统间接的破坏。④通过转基因生产药物，提高人类健康水平。如利用转基因重组细菌生产各种抗菌素；转基因的动植物作为生物反应器生产各类基因疫苗和药用蛋白，甚至是器官移植的材料等。因此，当前人们普遍认为，转基因技术对于人类的存亡，生态环境的保护等问题不但是需要的而且是迫在眉睫的。

“科学不能仅被看作是一组技术性和理性的操作，而同时还必须看作是一组献身于既定精神价值和受伦理标准约束的活动（巴伯，1991）。”科技的终极目标是服务于人类及其生存的环境，转基因技术的运用也应当如此。当转基因技术造福于人类时，它是保持生命、促进生命的，因而是善的；当转基因技术对环境及人体健康产生危害时，它是毁灭生命、伤害生命、压制生命的，因而是恶的。科技道德必须限制、惩戒这种恶，引导科技向善，以避免科技的“异化”，避免科技背离以人为本的初衷。生态伦理学认为，地球上的生命已经存在了30多亿年，简单的生命经过漫长的进化过程，形成了今天地球上由千万种生物所组成的复杂生态系统。运用转基因技术手段改造生物体，就有可能过快打乱自然界经过漫长时间进化所形成的秩序，破坏生态平衡。转基因生物的代谢产物会向外界扩散，造成连锁反应，凭目前的生物技术发展水平，还不能准确预测转基因生物体及其代谢产物的表现形态和潜在危害，也难以提出针对性的防范措施。这就要求我们在转基因技术的应用中，应该确立起共同遵守的生态伦理的原则和规范，保护人类的生存环境（朱俊林，2006）。

早在1992年联合国环境与发展大会上，由各国政府首脑共同签署的《生物多样性公约》中就明确提出了每一个缔约国都要制定或采取办法管制、管理或控制由生物技术改变的活生物体在使用和释放时可能对环境和人体健康产生的不利影响，并要求缔约国防止引进，控制或消除那些威胁于生态系统、生境或物种的外来物种。当然转基因作物，现在虽然还谈不上是一个新的物种，但是由人工制造的外来品种应是无疑的。

自从世界上第一个转基因作物商品化以来，全球范围内已发生多起基因污染案和转基因作物健康争论，如墨西哥玉米污染案、加拿大 HT 和 GM 超级杂草、美国的斑蝶幼虫案、英国的马铃薯过敏案等。因此，转基因育种手段作为 21 世纪最具发展前景的生物技术，要想发挥其最大功用，必须经过安全关，严把安全管理关。

如何发挥生物技术学科、生态学科、管理学科等诸学科优势，加强对植物基因工程技术的管理与规范，趋利避害，使其向满足人类需求最优化和生态无害化的边际方向发展，是植物基因工程条件下作物资源管理的重要目标。

8.1.2 生物安全与转基因作物的安全性

生物安全（Bio-safety），早期也使用 Biological safety 一词，其广义的概念是指包括一切对生物活动可能造成的人类健康与环境安全问题的预防和控制。从这个意义上而言，生物安全问题并非是一个新出现的问题。自古以来，人们就在生产和生活实践过程中积累了很多与生物安全有关的知识，比如哪些食物是可食用的，哪些食物是有毒性的，哪些微生物是有益的，哪些是致病的等，这些可以说是早期的生物安全知识（樊龙江、周雪平，2001）。

随着基因工程技术的产生，与此相关的安全性问题日渐成为社会关注的焦点。在此以前，生物育种操作只是达到胚胎、个体的水平，这样的操作只能使杂交发生在同种或亲缘关系非常接近的物种之间，与自然界生物进化过程没有实质性的区别，因此并未引起人们的特别关注。而到了20世纪70年代末，成熟的基因工程技术的产生，使人们能够利用基因工程操作的原理人为地制造出自然界中以前并不存在的新型转基因生物，一些针对各种转基因生物是否安全的争论再次引发了人们对生物安全的深入思考。对于由转基因引发的生物安全问题，我国的科学家认为，“生物安全”是指在一个特定的时空范围内，由于自然或人类活动引起的外来物种迁入，并由此对当地其他物种和生态系统造成改变和危害；人为造成的环境剧烈变化而对生物的多样性产生影响和威胁；在科学研究、开发、生产和应用中造成对人类健康、生存环境和社会生活有害的影响。我们所讨论的“生物安全”主要指通过基因工程技术所产生的遗传工程体及其产品的安全性问题。应该指出的是，安全性或风险性是一个相对的、动态的概念。今天科学上认为是安全的，明天可能会发现不安全的因素；今天认为不安全，随着科技的进步，明天会找到新的技术消除其不安全因素，化有害为有利（贾士荣等，2003）。事实上，任何人类活动都有风险，最重要的是要权衡利弊，取其利，避其弊。

8.2 维护转基因作物资源生态安全的几项原则

我国在转基因技术安全性管理和监控方面起步较晚，但目前也颁布了许多相关的法规。1993 年科技部制定了第 17 号令《基因工程安全管理办法》；此后，1996 年农业部制定了《农业基因工程安全管理实施办法》；2000 年国家环境保护总局颁布了《中国国家生物安全框架》；2001 年 5 月国务院又颁布了《农业基因生物安全管理条例》，该条例对农业转基因生物的研究与试验、生产与加工、经营与进出口贸易以及监督检查等做了规定。除了制定相应的法律法规促进和保证转基因作物和转基因食品安全性研究和检查正常进行外，农业部还专门成立农业基因工程安全管理办公室以及农业生物基础工程安全委员会，以负责全国农业生物遗传工程体的安全性检查审批。但对于转基因作物资源的生态安全管理还应从科技工作者的科研道德着眼，提高科技人员的伦理道德观念和生态安全意识。具体应重点从以下几点着手，严把转基因作物的安全关口。

8.2.1 基因资源利用遵循先近后远、从初级到高级、从库内到库外的原则

Harlan 等（1975）曾从育种学角度将作物资源划分为三级基因库。①初级基因库：种和居群间易于杂交，并且其杂种减数分裂配对正常，如普通小麦地方品种及其供体种四倍体小麦和节节麦等。②次级基因库：物种与作物杂交存在一定困难，其杂种常是部分可育，因而其细胞学的配对出现一些异常，如山羊草属的一些与小麦只有一组相同（相近）染色体组的种。③三级基因库：物种与作物之间的基因交流只有通过特殊技术（如幼胚拯救）才能完成杂交过程，其杂种 F1 代的减数分裂中物种之间的染色体不能配对，只有在

特殊促进配对基因作用下才有部分配对（如小麦 ph1b 基因）；杂种 F1 高度不育，甚至完全不育。如鹅观草等小麦近缘属种。因此，在研究利用作物种质资源的某一特殊基因时，应遵循先近后远和先从初级基因库挖掘的原则。当某些基因在该作物种内或近缘种中获得的，原则上采用种内或近缘种的同类基因。若该作物种内不敷应用或根本不存在时，应在次级基因库中开拓，然后才是三级基因库。如由于化学药剂所造成的病原物的抗性问题和环保问题，使转基因抗病育种日益兴盛，但应大力主张开发和利用寄主本身的抗病性，即将抗病大豆的抗性基因转到作为目的非抗病大豆中来，会极大地降低生态风险并降低成本。

8.2.2 鼓励转基因育种创新，限制基因工程育种商品化原则

8.2.2.1 转基因生物技术保守利用原则

1999 年，中国进行了转基因棉花的商业化种植之后，没有再批准任何一种大宗作物的转基因品种进入商业化种植。中国是否进行转基因水稻的商业化种植，“国家农业转基因安全委员会”的 50 余位科学家和农业部的官员，曾就转基因水稻的商业化种植，进行过激烈的讨论。由在英国的两位绿色组织的科学顾问苏·迈耶博士和珍妮·考特博士完成的《中国转基因水稻对健康和环境的风险》报告认为，在转基因水稻食品安全评估中，以下问题还没解决：转基因水稻会不会带来对人体的损害？转基因会不会导致基因产物中出现有毒或致敏物质？对环境和农业经济方面，该报告认为，出现令人头疼的杂草稻、野生稻遗传资源遭受转基因的

污染等负面影响将不可避免。

中国农科院生物技术研究所贾士荣研究员的抗白叶枯病转基因水稻，与其他几种转基因水稻相比，一直得到了许多人的支持。有些水稻科学家也提出："对于白叶枯病，传统育种技术已经成功地解决，而且解决起来非常方便，没有必要用未知风险的转基因技术。"

由于转基因技术具有较强的非生态性偏差，存在着较大的生态安全性隐患，所以，应坚持常规方法能解决或已解决的问题，暂时不采用转基因生物技术的原则，以减少潜在风险。

8.2.2.2 区域内同类商品化转基因作物的唯一性原则

转基因作物单一化的原则即某一生态区域已经商业化某种转基因功能作物，则在无纰漏前，不再商品化其他同类功能转基因作物。

8.2.3 转基因作物的材料属性终止原则

为了提高农作物对环境的适应性可在作物中导入具有强竞争优势的转基因，例如将抗除草剂、抗病原体、抗虫、抗逆境等抗性基因导入受体植物，使这类转基因植物具有适应性竞争优势。而在农作物中导入具有改变营养组成或雄性不育的基因，可使作物产品的品质有很好的改善，但其对环境胁迫的抗性却缺乏优势，较难适应环境的变化，其生存能力相对脆弱。

任何转基因表达出特定性状都必然会消耗更多的额外能量（较受体植物的母本而言），只有表征出抗性的转基因植物才具有生存竞争的优势，但难以提高产量或改善品质，量与质二者兼得的转基因植物是很难做到的。如要使转基因作物兼具抗性、优质和高产三者兼得则几乎是不可能的。

2000 年 Ye，X D 等耗时 7 年，终于成功地将 β-胡萝卜素生物合成途径中所需的 3 个酶基因转入了水稻中，使其可富集维生素 A 原。这一成就被许多人誉为“金色大米”。为实现多基因的同时转化，1998 年，Dasgupta 等将烟草脉斑驳病毒（TVMV）的 NIa 蛋白酶插在其他两个基因中共同进行转化，该酶的水解活力可迅速释放多聚蛋白中另外两个基因的编码产物。笔者对多基因共转技术的应用存有较大的芥蒂。“多基因共转”一方面说明现有的作物种质资源的极度贫乏，难以维持人类基本的生存需求；另一方面说明人类对作物资源改造的随意性，人类无止境需求欲望的膨胀性和不顾非人类存在个体的自私性。

笔者认为，人类应严格遵守转基因作物及其变异体不再作为作物育种材料进行品种选育的原则，即“转基因作物的材料属性终止原则”。

在自然竞争的选择规律下，物种之间、群落之间总会有消长变化。生物多样性及其相应的生态系统也是在开放的不平衡的条件下不断地同外界交换物质和转移能量，在熵被不断耗散的前提条件与进程中形成有序的自组织的耗散结构，在相对的临界平衡状态或混沌状态下不断推陈出新，辩证地前进。由此可见，人类应在认识和理解自然法则的条件下，遵循自然规律，诱导生物资源向不断更新增殖的方向发展，要努力防止生物资源的减退、萎缩、退化，甚至消失（曾北危，2004）。

在自然生态系统的演替过程中，植物基因工程采取定向重组遗传物质对生产对象进行改造，已经产生了较大的非生态性偏差，如果再以具有非生态性偏差的创造性作物资源作为遗传材料，则会产生更大的偏差。自然固有的生态性会遭到进一步破坏，生物多样性资源则会退化甚至消失，则自然无所谓自然，生态已无生态。因此，植物基因工程中必须主动遵守转基因作物的材料属性终止原则。

8.3 转基因作物的代际管理和“跨代受益”

8.3.1 曾经科学研究的迟滞承认与转基因作物的“跨代受益”

自然资源利用生态经济规划的目的在于有效地开发自然资源，合理组合自然资源要素，协调好自然资源开发利用过程中生态经济关系，以取得最佳生态经济效益（曲福田，2001）。转基因作物资源由于具有较大的非生态性偏差，安全评估具有许多不可预测项，因此应遵循“跨代受益原则”。即虽然当代人创造了作物资源，要储存检验至下一代，由下一代进行商品化。跨代受益原则一方面能减少当代人选择的主观倾向性，另一方面能有足够的时间对转基因作物进行生态安全性检验，让时间验证转基因作物资源的价值和是否进行商品化。

转基因作物是否进行商品化，主要的争议之一是利益问题。有些科学家就反复强调，大面积种植转基因作物，不但农民的收入会增加，因为农药施用量减少，环境也能得到改善。但据相关组织调查，种植转基因作物，受益最大的不是农民，而是科学家和生物公司。转基因技术具有专利权，科学家和生物公司掌握着专利，将获取巨大的商业利益。以全球转基因农业的巨头美国孟山都公司为例，在2001年，全球转基因作物的总种植面积有90%以上为孟山都的产品。现在全球只有一种转基因大豆品种，即是美国公司孟山都的抗草甘膦转基因大豆。市场上所有的转基因作物都是受到专利保护的，这意味着农民要对种子付出专利费用，而且不能自留种子，需要每年向种子公司购买种子。

以往，曾经一度出现科学研究的迟滞承认现象，A. van Raan称科学中的迟滞承认为科学中的"睡美人现象"，但van Raan并不是第一个研究科学中迟滞承认现象的学者，他只是给迟滞承认起了一个形象而优雅的名字。早在1970年，美国著名情报学家E. Garfield就为孟德尔遗传定律的生不逢时和迟滞承认发出感慨[①]。当前，受功利性的驱使，科学家们的"成就"已经难耐迟滞承认了。

鉴于转基因作物的可能生态危害和潜在的风险，任何一个国家、企业和组织都应高度重视转基因作物的生物安全性。作为地球村的每一个成员国都应加强转基因技术生物安全性的研究，重视转基因作物的毒性和过敏性分析以及相应的评估方法；尽快建立农作物转基因生物安全性数据库；开展转基因的组成、结构、图谱与安全性相关的研究；加强转基因作物安全性的基础与应用技术研究。要完善转基因作物的市场化环境建设，完成转基因作物市场化前的安全性检测工作，需要相当长的时间，这就涉及转基因作物资源商品化

① 梁立明，林晓锦，钟镇，薛晓舟．自然辩证法通讯，2009，1（31）：39-45。

前“试验储备期”的界定。一个转基因作物的诞生到商品化之前，必须经过严格的储备并进行健康检验、生态安全性试验，此时期为转基因作物的试验储备期，储备期间需进行风险评估、转基因作物的生态安全性试验、潜在生态风险试验、健康安全性试验和不可预测效应论证。随着人们对转基因作物不同层面认知的深入，这些评价项目和指标也在不断完善，要完成试验储备期的所有评价，更相对安全地进入商品化阶段需要至少30年的时间，这就出现了科研成果的世代转移和科技经济效益的跨时代实现。

8.3.2 转基因作物商品化前“试验储备期”的界定与论证

有关转基因作物可能带来的生态风险，过去仅是实验室或田间的小试水平的工作，谁也没料到转基因作物商品化释放才十几年的时间。墨西哥玉米由于基因交流就出现了基因污染事件，这证实了仅有实验室得到的结果是不够的。美国环境保护局在最近的一个报告中指出，评价转基因作物对非目标昆虫的影响，应以野外实验为准，而不能仅仅依靠实验室的数据。很多农业经济学家和自然科学家认为，当前对转基因作物的技术经济效应、健康效应和环境效应的研究是远远不够的（蒋远胜，谭静，2006）。

从科学角度来看，基因工程涉及物种间的基因重组和基因转移，而基因交流的影响并非立竿见影，对其后果的研究需要长期跟踪。而且，目前的科学水平还不能精确地预测转基因生物可能产生的所有表现型效应。通过重组DNA和转基因技术，基因可以在不同物种间转移，这种转移对人类健康和生态环境的影响有些难以预料，因而客观地说，转基因的生物安全性是一个短期内不能证实的也不能证伪的命题。

转基因作物的跨代受益原则可以通过转基因作物试验储备期的界定加以论证。当前，许多国家、企业和组织都高度重视转基因作物的生物安全性，开始加强对转基因技术生物安全性的研究，并重视转基因作物的毒性和过敏性分析以及相应的评估方法，企图建立农作物转基因生物安全性数据库；逐步完善转基因作物的市场化环境建设，完成转基因作物市场化前的安全性检测工作。我国现已开展转基因的组成、结构、图谱与安全性相关的研究，加强转基因作物安全性的基础与应用技术研究。这些系统的研究都需要相当长的时间，这就涉及转基因作物资源商品化前“试验储备期”的界定。一个转基因作物从诞生到商品化之前，必须经过严格的储备并进行相关方面的评估和试验，此时期为转基因作物的试验储备期，储备期间需进行风险评估、转基因作物的生态安全性试验、潜在生态风险试验、健康安全性试验和不可预测效应论证。

完成这一时期的任务至少需要 T 年的时间（作物生态伦理期望 T 值无限大），因此转基因作物资源商品化前试验储备期规定至少 T 年的时间。

$$T = \sum_{i=1}^{n} m_i t_i - \sum_{j=1}^{e} m_j t_j \quad (8-1)$$

式中，T 为试验储备期；t_i 为每个检验项目所需的时间；n 为当前认知条件下所需检验的项目数；t_j 为检测项目的交叉时间；e 为可交叉进行的检验项目数；m_i 为重复数；m_j 代表交叉检验项目的重复。

转基因作物的试验储备期具有延伸特性，随着现代生物技术认知的深入，转基因作物的安全性检验项目逐渐增多，转基因作物的潜在危害域将逐渐缩减。图 8-1 是转基因作物试验储备期的张力趋势图。

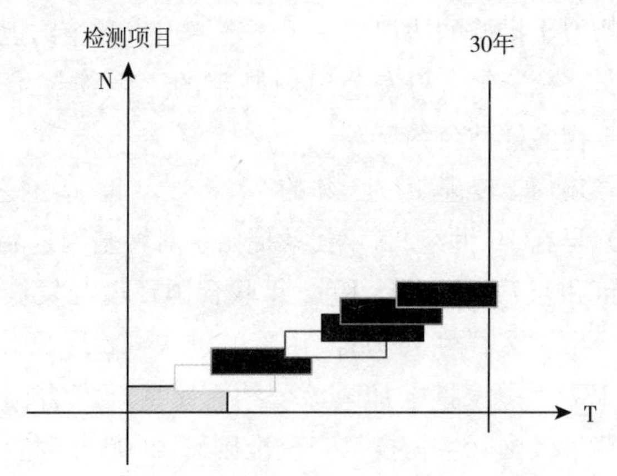

图 8-1　转基因作物试验储备期 T 的张力趋势图

转基因作物试验储备期 T 的延伸张力一方面来源于检验评估的多性状，另一方面来源于试验检验的多位重复。图 8-1 中各时间区域分别代表对各风险评估内容进行评估所需的时间，作物生态伦理期望 T 值无限大，如果严格恪守这一时间界定，当 T≥30 年，则实现了转基因作物的跨代受益。

8.4　现代生物技术条件下创造性作物资源的发生与利用制度

8.4.1　国际组织针对转基因作物资源发生与利用的有关规定

国际社会十分关注转基因的生物安全性，迄今制定的许多重要的相关国际条约或国际法律政策文件，都涉及生物安全方面的内容，如国际食品标准委员会制定的《食品标准》，联合国环境规划署制定的《国际生物技术安全技术准则》，世界贸易组织制定的《关于贸易技术壁垒的规定》、《关于卫生和植物卫生措施的协议》、《关于环境卫生和植物卫生标准的协定》，经济合作与发展组织制定的《生物技术安全考虑》、《生物多样性公约》等。

为了确保转基因生物的安全性，世界卫生组织（WHO）早在20世纪90年代就提出了对转基因食品进行安全性评价和监管的要求。1992年联合国环境与发展大会上通过了《生物多样性公约》，并在1993年12月29日生效，现已有177个国家批准加入该公约；1994年联合国环境署组织起草了《国际生物技术安全准则》；2000年联合国通过了《生物多样性公约的卡塔赫纳生物安全议定书》；2000年八国首脑会议也对生物技术的发展、安全性及贸易问题进行了讨论并发表了备忘录。对转基因技术应用较为广泛的国家也都建立了相应的机构来对转基因作物和转基因食品进行监控。

联合国开发计划署（United Nations Development Program，UNDP）在2001年报告中呼吁对转基因生物的影响进行长期深入的研究，并指出有关生物安全的问题往往是不合理的政策措施和不合适的法律规章引起的。

8.4.2 转基因作物资源的发生与利用制度

世界主要发达国家和一些发展中国家都已制定了各自对转基因生物（包括植物）的管理法规，负责对其安全性进行评价和监控。如美国是在原有联邦法律的基础上增加转基因生物的内容，分别由农业部动植物检疫局、环保署及联邦食品和药物局负责环境和食品两个方面的安全性评价和审批。由于各国在法规和管理方面存在着很大的差异，特别是许多发展中国家尚未建立相应的法律法规，一些国际组织如经合组织（OECD）、联合国工业发展组织（UNIDO）、粮农组织（FAO）和世界卫生组织（WHO）等在近年来都组织和召开了多次专家会议，积极组织国际间的协调，试图建立多数国家（尤其是发展中国家）能够接受的生物技术产业统一管理标准和程序。但由于存在许多争议，目前尚未形成统一的条文。

总体来说，美国和加拿大对转基因植物的管理较为宽松。美国在2005年种植的转基因作物面积4980万公顷，占当年全国转基因作物种植面积的近70%。若再加上加拿大和阿根廷，这三国种植的转基因作物占全世界的84.93%。与此形成鲜明对照的是欧洲国家。从研究水平上来说，欧洲国家，特别是英国、法国、德国等在农业生物技术领域都开展了广泛深入的研究，开发出一批可用于生产的转基因作物。但直到现在，欧洲作为商品种植的转基因作物还很少。欧洲的消费者很难接受转基因食品。

我国政府也十分重视生物安全问题，目前我国已经对基因工程规则立法。其中重要的有《基因工程安全管理办法》、《农业生物基因工程安全管理办法》、《农业转基因生物安全管理条例》、《农业转基因生物安全评价管理办法》、《农业转基因生物进口安全管理办法》、《农业转基因生物标识管理办法》等。

这些条约或法律文件涵盖了从上游基础研究到商品生产、运输及市场销售等各个环节涉及的生物技术和生物安全性问题。对外源基因进行安全等级分类，要求进行相关研究的实验室具备符合安全等级的装备和规范严格的操作及管理要求；对报批进行中间试验和环境释放的申请严格审查，要求提供详细的资料；在运输及市场销售环节，对转基因作物或含有其成分的食品也有严格要求，如包装、运载工具、贮存条件以及标签说明等（张岳君，2005）。

8.4.3 转基因作物资源与我国种质资源引进交流制度

广泛采用少数优良种质资源，会引起作物遗传多样性下降，降低品种抗病和抗逆能力，影响作物的产量。引进和利用外来种质资源是丰富作物遗传多样性、促进品种更新换代的重要途径。李海明等（2005）通过分析中国 20 个玉米主产省区 15 年（1982—1997 年）主要品种的亲缘关系和遗传构成，研究外来种质资源，特别是美国和国际农业研究磋商组织（CGIAR，以下简称 CG 系统）对中国玉米遗传贡献的时空变化和对中国玉米生产的经济影响，结果表明，美国种质和 CG 系统的种质对中国玉米的遗传贡献一直呈增长趋势，尤其是 CG 系统的遗传贡献从 20 世纪 90 年代以来增长迅速：美国遗传贡献率每增加 1%，中国玉米单产将提高 0.2%即每公顷提高 0.01 吨；CG 系统遗传贡献每增加 1%，玉米单产将提高每公顷 0.025 吨，高于美国种质对中国玉米产量潜力的作用。

中国是亚洲栽培稻的起源地之一，中国丰富的稻种资源对世界水稻生产做出了积极贡献。1966 年，国际水稻研究所（IRRI）育成 IR8，被称为奇迹稻，其杂交组合为 Peta/DGWG。由于 Peta 的母本为 Cina，来源于中国“血统”，DGWG 即我国台湾的低脚乌尖；阿根廷以中国小麦为抗源，育成了世界著名的抗叶锈品种 38M·A；当今美国大豆育种的基础材料主要来自于中国。中国的种质资源为世界作物育种做出了贡献，国外作物遗传资源的引进也促进了我国农业的发展。随着现代交通业、信息产业的高速发展，国际间的种质资源交流日益频繁，但转基因作物资源的诞生，为国际间种质资源的交流添加了一根敏感神经。为保持我国农作物引种事业的可持续发展，迫切需要进行一些基本建设。

（1）建立“国家农作物引种交换管理中心”，统一组织、协调、管理全国国外农作物引种和种质交换事宜，增强我国的引种能力，提高我国的引种利用效率，同时加强对转基因作物资源的监测与管理。

（2）“国家农作物引种交换管理中心”在全国不同生态区建立或联系 6～8 个引种试验站，用于隔离试种从世界各生态区引进的农作物品种；确定为转基因作物资源的，要及时处理。

（3）建立、健全国外农作物引进和中国农作物种质对外交换信息系统，彻底改变以往引进和对外交换种质及其信息的混乱状态，争取和保持在国际作物种质交换中的主动与优势。

8.5 加强进口转基因作物产品的检测

8.5.1 国外转基因检测研究状况

国外报道的转基因检测方法主要有两大类：在核酸水平

上进行检测，即通过 PCR 和 Southern 杂交的方法检测基因组 DNA 中的转基因片段，或者用 RT-PCR 和 Northen 杂交检测转基因植物 mRNA 和反义 RNA。主要检测 CaMV35S 启动子和农杆菌 nos 终止子、标记基因（如卡那霉素/新潮霉素抗性基因）和目的基因（如抗虫、抗除草剂、抗病和抗逆基因等）；在蛋白水平上进行检测，包括检测转基因植物中目的基因表达蛋白的 ELISA 方法和检测表达蛋白生化活性的生化检测法。这些免疫学方法主要是应用单克隆、多克隆或重组形式的抗体成分，可定量或半定量地检测，方法成熟可靠且价格低廉，用于转基因原产品和粗加工产品的检测；在 DNA 检测的诸多方法中，PCR 方法检测转基因产品是目前应用最为广泛的方法，被认为适用于各类转基因产品包括原料和经过加工的制成品的定性和定量检测。瑞士的 Meyer 等（1995）首先用 PCR 法定量检测 Calgene 公司的转基因马铃薯中的 CaMV35S 启动子和 nptⅡ标记基因，并测定了转基因马铃薯食品中的转基因成分的含量。这是世界上第一例 PCR 法定量检测转基因产品的报道。此后，世界上已有不少学者报道了利用 PCR 法检测的转基因产品。近几年发展起来的实时定量 PCR 和 PCR-ELISA 法大大提高了转基因检测的灵敏度。研究表明，转基因大豆检测的理论下限为 0.005%（质量分数），即在每个 PCR 反应中可检测到 30 个基因组拷贝的转基因大豆 DNA，实际检测下限达到了 0.1%。

8.5.2 我国的转基因产品检测技术研究状况

尽管目前我国已批准商品化的转基因作物只有 4 种：棉

花、西红柿、甜椒、矮牵牛花。其中食品只有西红柿、甜椒两种。但是，每年进口的仍然有很多转基因的产品。根据国家卫生总局的安排，进口作物先做定性检测，再做定量检测，先确认是否为转基因产品，再确认为哪一类转基因产品。我国已先后建立起检测转基因产品的核酸 PCR 定性、定量检测，定量检测方法如“CTAB-PCR-RFLP”法、PCR-ELISA 法（赵文军等，2001）、荧光 PCR 法（刘光明，王群力等，2001）、实时荧光定量 PCR 法（马荣群，2002）等，检测转基因蛋白质成分的试纸条法和酶联免疫方法等，并成功地应用于进出口转基因产品的检测中，尤其是烟草的转基因检测（贾建军等，2002）。一些新的检测技术如适应于多基因同时检测的基因芯片技术、分析探针等也取得了突破性进展，对转基因产品核酸和蛋白质以外成分的检测也在试验之中。这些检测方法基本上反映出了目前国际转基因产品检测水平。国家检验检疫局植物检疫实验所利用生物芯片技术的原理，已摸索出一种“亲和吸附—PCR—ELISA”方法，该种方法和国际已知的同类 PCR 方法相比，解决了转基因检测中样品核酸制备中的难题，同时降低检测成本和所需时间，提高了检测灵敏度和稳定性，提高了样品检测自动化程度，适合口岸大样品量的检测。该检测方法能特异地检测出 35S 启动子和 nos 终止子核酸序列。这两种核酸序列存在于目前已知的绝大部分转基因成分中，因此，具有较广泛的应用前景。

8.5.3 加强对进口转基因作物产品的检测

根据前苏联 Н. И. Вавилов 的作物起源研究，中国是农业和栽培植物的重要起源地之一，特别是中国西部和中部山区及其毗邻低地，是主要的作物物种聚集地。估计起源于中国的栽培植物有200余种。美国的H. V. Harlan（1971）将全世界分为三个独立的农业起源系统，中国为其中之一。他提到的419种重要栽培植物中，仅起源于中国北方的就有64种。

我国俞德浚（1959）指出，起源于中国的栽培植物有谷类、竹类、薯类、蔬菜、果树、糖料、纤维、染料等共170多种。卜慕华（1981）汇集了我国栽培的重要作物名录，共计308种（不包括牧草，非栽培或次要药用植物，次要经济和观赏植物及一般林木），其中的一部分为我国史前或土生栽培植物，约237种。我国的科学家还提出，在我国的栽培植物中，有近300种起源于本国，占主要栽培植物的50%。

我国作为农业和栽培植物的重要起源地，保持本土植物遗传资源的固有生态特性和遗传多样性，保证生态性和遗传多样性免受侵害和侵蚀，是非常重要的。因此，如何加强转基因作物产品及其种质资源的进口检测意义重大。

8.6 加强与现代生物技术同步的管理认知

科技部于1993年12月发布了《基因工程安全管理办法》，主要从技术角度对转基因生物进行宏观管理与协调。农业部于1996年7月颁布了《农业生物基因工程安全管理实施办法》，主要从保护我国农业遗传资源、农业生物工程产业和农业生产安全的角度，对转基因作物的实验研究、中间实验、环境释放或商品化生产进行管理。卫生部还没有制定转基因生物食品管理的法规，现在暂时按照1992年卫生部颁布的《新资源食品卫生管理办法》进行管理。农业部、卫生部和国家出入境检验检疫局目前正在着手修订有关转基因生物及其产品的管理法规，国家环境保护总局也正在从生物安全角度研究有关转基因生物及其产品的法规制定的问题。当务之急是开展与现代生物技术认知同步的管理认知。

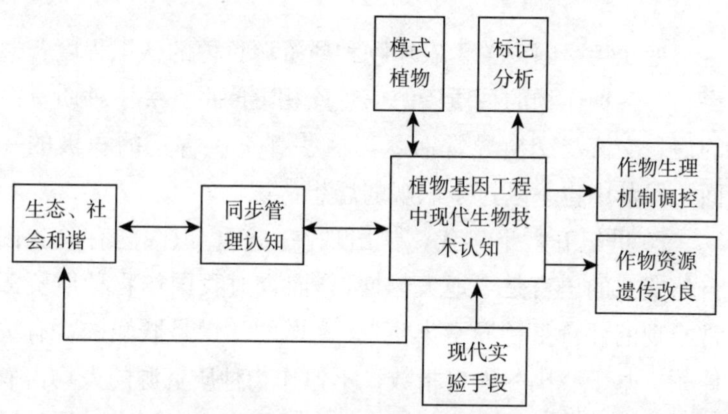

图8-2　植物基因工程中与现代生物技术同步的认知管理

图8-2是植物基因工程中现代生物技术认知与同步的管理认知的认知流程，从图中可以看出，现代的试验手段促进了植物基因工程中现代生物技术的认知，现代生物技术的认知通过分子标记分析和模式植物分析又促进了人们对作物生理机制的调控和对作物种质资源的遗传改良。在植物基因工程中，与现代生物技术认知密切相关联的还有同步的管理认知，现代的生物技术认知催化了同步的管理认知，同步的管理认知制约和规范现代生物技术认知，共同促进生态与社会的和谐发展。

9

作物资源可持续利用制度建设

近几年，国内关于农作物种质资源价值的认识程度普遍提高，各种作物的种质资源信息库相继问世，关于种质资源的信息交流与交换异常活跃，这些都是应肯定的积极的一面，但其中也不乏过于乐观的思想认识。

20世纪五六十年代，常出现在人们意识中的有关我国自然资源的语言是“地大物博”，而今对我国作物种质资源常出现的评价是“异常丰富”。这样的认识是肤浅的，有失偏颇。基于我国的人口指数，不但作物种质资源的人均占有率低（见图9-1，图9-2），而且过重的人口压力也给种质资源的保护与可持续利用带来极大的挑战。

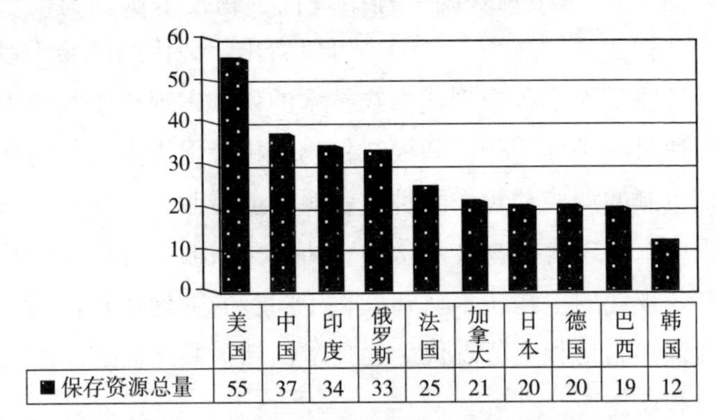

	美国	中国	印度	俄罗斯	法国	加拿大	日本	德国	巴西	韩国
■保存资源总量	55	37	34	33	25	21	20	20	19	12

图9-1 部分国家作物种质资源保存总量

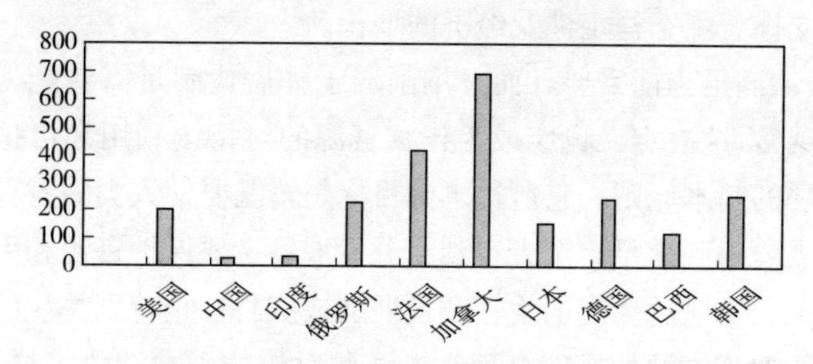

图 9-2　每万人的作物种质资源占有量

野生种和野生近缘种的生境受到极大破坏，许多野生种和野生近缘种从自然的原生境转入保护领域。在作物育种界，普遍存在重视引入外来种质资源而忽视本域资源保护与利用的现象，部分区域优势种退化情况时有发生。这些认识上的问题直接影响农作物种质资源的可持续利用。

9.1　作物资源可持续利用的内涵及其资源经济学意义

9.1.1　作物资源可持续利用的内涵和目标

1987 年的世界环境与发展委员会全体大会上发表的专题报告——《我们共同的未来》为可持续发展作了如下定义：可持续发展是指既满足当代人的需要，又不损害后代人满足需要之能力的发展。1989 年 5 月举行的第 15 届联合国环境署理事会期间，通过了《关于可持续发展的声明》，该声明指出，可持续发展系指既满足当前需要而又不削弱子孙后代满足需要之能力的发展。环境署理事会认为，可持续发展还意味着维护、合理使用并且提高自然资源基础，这种基础支撑着生态稳定性及经济的增长。

“满足当前需要，而又不削弱子孙后代满足需要能力的发展”，这一定义也应成为作物资源的可持续利用和可持续发展的基本原则。它所追求的目标是，既要使人类的各种生活需要得到满足，个人得到充分发展，又要保护资源和生态环境，不对后代人的生存和发展构成威胁，它特别关注的是作物遗传资源的生态合理性，强调对作物资源遗传多样性、环境生态和谐有利的经济活动应给予鼓励，反之则应予抛弃。

作物资源可持续利用追求的目标为资源存量力争不减少，遗传质量日益提高，资源的经济贡献率愈加明显，生态环境更加和谐。

9.1.2 作物资源可持续利用基本原则

作为人类新的发展模式的可持续发展，若要真正得以有效实施，即在生态环境、经济增长、社会发展方面形成一个持续、高效的协调运行机制，必须遵循公平性、可持续性和共同性三项原则。

作物资源作为资源的一个特殊部分，既具有自然资源的基本属性，同时又有其他资源所不具备的经济价值属性和社会功能属性。维护作物资源的可持续利用在坚持这三项基本原则的基础上还必须坚持生态和谐原则。

（1）公平性原则

所谓公平是指机会选择的平等。可持续发展所需求的公平性原则，包括三层意思：一是本代人的公平，即同代人之间的横向公平性。二是代际间的公平，即世代人之间的纵向公平。要认识到人类赖以生存的作物资源具有稀缺属性，当代人不能因为自己的发展与需求而损害久远的未来人的利益，要给世世代代以公平利用作物资源的权利。三是公平交流有限资源，目前有限作物资源的分配十分不均，如占全球人口26%的发达国家占有将近70%的作物遗传资源，基因专利大战愈演愈烈，发展中国家未来的农业生产发展将面临严重的作物资源约束。

由此可见，作物资源的可持续利用与发展应一方面打破区域限制，促进种质资源的交流与交换，维护种质资源的区域平等和横向均衡；另一方面追求种质资源种群丰度、遗传多样性的进步，维持代际平衡。

（2）可持续性原则

其核心是人类经济和社会发展不能超越资源与环境的承载能力。作物资源是人类生存与发展的基础和条件，离开了作物资源无从谈起人类的生存与发展。资源的永续利用和生态系统可持续性的保持是人类可持续发展的首要条件。可持续发展要求人们根据可持续性的条件调整自己对作物资源非生态偏差的干预活动，在生态可能的范围内确定自己的干预标准。

（3）共同性原则

鉴于世界各国历史、文化和发展水平的差异，可持续发展的具体目标、政策和实施步骤不可能是唯一的。但是，作物资源可持续利用与发展作为全球发展的总目标，其所体现的公平性和可持续性原则应该是共同遵从的。并且，实现这一总目标，必须采取全球共同的联合行动。美国的转基因大豆会对中国的野生大豆构成威胁，任何地方的转基因水稻的环境释放都可能会对亚洲野生稻的遗传多样性产生影响。如果每个人在考虑和安排自己的行动时，都能考虑到这一行动对其他人（包括后代人）及生态环境的影响，并能真诚地按“共同性”原则行动，那么人类及人类与自然之间就能保持一种互惠共生的关系，也只有这样，作物资源可持续利用与发展才能实现。

（4）生态和谐原则

作物资源具有非生态性偏差的属性，人类制造作物资源非生态性偏差的干预力应不超越作物作为生物资源的生态承受力。假设，人类的主观干预致使某一作物品种濒临灭绝，则未来人们会像对东北虎一样，去寻找这种作物。之所以作物资源利用应坚持生态和谐的原则，是因为任何作物都不可能脱离自然环境而完成生长发育并产生产量；任何具有非生态性偏差的作物只要释放到生态环境中，截获光能，进行碳氮代谢，制造能量和物质，就有可能导致一系列的生态问题。建立在生态和谐原则基础上的资源评价和环境评估将是未来种质资源利用与管理的重要环节。

9.1.3 作物资源可持续利用的资源经济学意义

关于可持续的探讨皆源于不同的基础。如生物多样性若被认为是可持续的一个重要目标，那么，威胁到生物多样性的经济活动就是人们所不希望的，因此就必须制止这类行为以防止严重的生态崩溃，使人们的一切活动与保护生物多样性协调起来。这些讨论都是伦理层面上的，有关经济可持续性方面的讨论也同样具有伦理意义。人们倾向于认为有效的经济行为是实现某些预定目标的充分必要条件，但没有完美的理由界定，凡是有效率的行为就是可持续的，单纯的效率不足以说明作为目标的可持续性。作物资源的可持续利用也是如此，集约化生产、单一化栽培、遗传体修饰和资源的主观倾向性改造等行为，在某种程度上是以作物种质资源的遗失、作物资源群体衰退为代价的，因此是非可持续的资源利用行为，应加以约束和制止。

基因的发掘和利用使我国农业产生了飞跃发展。目前全球范围内农业面临的新技术革命，将以培育突破性新品种为重点，而高产、优质、抗逆突破性新品种的育成将以关键性种质资源的发掘和利用为基础。新中国成立以来，我国主要农作物品种更新了4～6代，良种覆盖率达85%以上，粮食的单产和总产量的大幅度提高主要是靠品种更新来实现。今后我国农业的持续发展，将依然离不开对作物遗传资源的保护和利用，随着现代生物技术的发展，农业发展对作物遗传资源的依赖程度将越来越高。作物种质资源的可持续利用与否直接关系到我国农业的兴衰。所以，强调作物资源的可持续利用具有重要的经济学意义。

9.2　作物资源可持续利用的制度建设

9.2.1　作物资源的开发利用模式分析

作物资源是自然界赋予人类的宝贵自然财富，是人类生存和进行物质生产不可替代的资源性资产。人口再生产是无限的，代代相继，相互依存。代际间财富的趋公平分配是均衡、平等发展的基础。每一代人既是财富的继承者、使用者，也是财富的遗传者。继承、使用、遗传三者在数量上不同的关系体现了不同的生产方式和代际伦理道德（姜文来等，2000）。

假使 A 是 $a+2$ 代人从 $a+1$ 代人继承的作物资源财富，B 是 $a+2$ 代人丢弃的作物资源财富，C 为 $a+2$ 代人遗传给 $a+3$ 代人的作物资源财富，D 为 $a+2$ 代人存续期间作物资源再生的财富，则上述各种量之间存在下列方程式：

$$A-B+D=C \tag{9-1}$$

将式（9-1）变换，得到方程式：

$$A-C=B-D \tag{9-2}$$

式（9-2）可以衍生为下列三种情况：

(1) $A>C$ 或 $B>D$，即 $a+2$ 代人遗传给 $a+3$ 代人的作物资源财富小于 $a+2$ 代人从 $a+1$ 代人手中继承的财富，或者说 $a+2$ 代人作物资源的丢弃量大于作物资源的再生量。这样，$a+2$ 代人要消耗作物资源本底数量，致使 $a+3$ 代人所拥有的原始作物资源财富同 $a+2$ 相比相对减少，$a+2$ 代人丢弃了也本属于 $a+3$ 代人的作物资源财富，剥夺了 $a+3$ 代人与 $a+2$ 代人均等的享用权力。这种方式是典型的“吃子孙饭”方式，是非持续发展的作物资源利用模式。

(2) $A=C$ 或 $B=D$，即 $a+2$ 代人从 $a+1$ 代人继承的作物资源财富等于 $a+2$ 代人遗传给 $a+3$ 代人的作物资源财富，或者说 $a+2$ 代人没有改变作物资源可使用量；或 $a+2$ 代人的原始资源的丢弃量等于 $a+2$ 代人存续期间的作物资源再生量。前种情况事实上是不存在的，后种情形是几率近乎于零的偶然。

(3) $A<C$ 或 $B<D$，即 $a+2$ 代人遗传给 $a+3$ 代的

作物资源财富大于从 $a+1$ 代人继承的作物资源财富，或者说 $a+2$ 代人作物资源的丢失量小于作物资源的再生量。此种模式为 $a+3$ 代人提供了更多的作物资源享用权和生存权。但是同时存在一个问题，如果一味地追求这种开发模式，会使 $a+2$ 代人社会经济发展和物质享受受到限制，不利于 $a+2$ 代人的自身发展。因此，这种作物资源开发利用模式也不是持续发展模式。

考察现实的经济生活，(2)、(3) 两种作物资源开发利用模式基本不存在，(1) 种模式是普遍存在的，如何将 (1) 种模式转换成持续发展的模式，是当今作物资源开发利用中迫切需要解决的问题。

9.2.2　作物资源可持续利用的基本制度

纵观近一个世纪的作物种质资源利用与保护，其基本制度的内含产权特征不明显、正式规则和非正式规则不配套是引发作物种质资源步入困境的主要原因之一。

9.2.2.1　作物资源的利用制度划分

根据作物资源利用制度的表现形式，可将作物资源利用制度分为正式规则和非正式规则。正式规则是指人们有意识缔造的开发利用保护作物资源的一系列政策、法则；非正式规则是指人们在长期的作物资源利用活动中无意识形成且具有较为持久生命力的一些关于作物资源利用的价值信念、伦理规范、道德观念、风俗习性和意识形态。与正式规则相比，非正式规则比正式规则更接近于特定的文化内核，能更直接地影响人们利用作物资源的行为。正式规则和非正式规则配套发展是作物种质资源得以持续利用的基本前提。一个国家或一个生态区域，追求作物种质资源丰度的增加、遗传多样性的丰富、种质资源的可持续利用需要制度建设的日臻完善和社会道德伦理文化的多系配套，这也是人类一直追求的和谐状态。对于一个科学家，伦理道德的作用或许比政策、法则更有约束力。

9.2.2.2 作物种质资源的产权制度及其特征

根据作物资源利用制度内含的产权特征，可将作物种质资源产权安排分为私有产权、社团产权、集体产权、可交换的产权及排他性产权。产权作为一种社会工具，其重要性就在于事实上它们能帮助一个人形成他与其他人进行交易时的合理预期，产权的所有者拥有它的同时被允许以特定的方式行事的权利。

一般地，私有产权（private property rights）中权利的行使完全由私人进行决策，其产权内容包括关于作物资源利用的所有权利，这些权利可以由一个人掌握，也可以由两个或多个人拥有。这种对私有产权的拥有意味着排斥他人以同样的权利处置资源，但有时私有产权也会受到约束和限制。在社团产权（communal property rights）中，某个人对某一作物资源行使某一权利时并不排斥他人对该资源行使同样的权利。与私有产权相比，社团产权在个人之间具有完全的不可分性，产权属于社团而不属于组成社团的各个成员，因此社团产权在社团内部不具有排他性。集体产权（collective property rights）中产权是由某一个集体来行使，由集体的决策机构以民主的程序对权利的行使作出规则和约束。但与社团产权不同的是，当集体成员对集体形成的决策不同意或自己的意见得不到反映时，他可以采取“弃权”手段转让他的权利。

可交换的产权（exchangeable property rights）意味着产权可以在经济当事人之间进行交换和转让。无论是私有产权还是社团产权和集体产权，如果产权不能交换，就会打击所有者投资和保护作物资源的积极性，当事人的福利就难以得到改进，作物资源的利用效率必然会大受影响，且有效的市场机制也要求稀缺资源能够自由地投向最有效的用途。显然，产权的自由转移是使这一要求得以实现的保证。排他性产权（exclusive property rights）意味着如果某人对某一作物资源拥有产权，他人对同一资源就不应具有同样的产权。如果产权不具有排他性，人们就可以不付代价地获得该产权，这种产权的市场价值就会变成零，产权市场也就无从谈起。

我国的作物资源产权界定极其不明显，这一方面削弱了作物种质资源的价值，也严重影响了民间种质资源保存力量的发挥；另一方面极大地挫伤了育种人员的创新积极性，往往是一个优良作物品种的问世，累了育种者、富了经营者、苦了推广者。

作物资源有别于其他自然资源的另一种产权制度为公益产权，即作物资源的产权属于社会，公益产权在某种程度上是集体产权的延伸，但又不同于集体产权。它最大的特点是作物资源的公益性和公有性，社会范围内的任何社团、组织和个人只要是出于公益性的作物资源创新，都可以从公益产权的作物资源系统中获取生产材料。

产权制度不健全是导致作物种质资源所属难界定、保护从业单位和个人单一、作物种质资源遗失无附属保障的主因。因此探讨如何严格界定并规范作物种质资源的产权，全力加以保护是促进作物资源多样化保护、减少资源丢失的重要途径。

9.2.3 作物资源利用制度的功能属性

（1）激励功能

激励就是要激发经济当事人合理有效地开发利用作物资源的内在动力，调动其积极性。显然，能否达到预期的目标，关键之处就在于能否使经济当事人的个人收益或成本与社会收益或成本相一致。当然，由于客观条件的限制，我们所制定和选择的作物资源开发利用制度不可能十全十美，而经济当事人在利益最大化的作用驱动下，可能会采取制度制定者不愿看到的行动，这就是制度激励的反向作用。可以理解的是，制度不合理必然会导致经济当事人理性地从事“不合理”行为，而合理的作物资源开发利用制度会引导人们合理地开发利用作物资源，或者说，相对合理的作物资源开发利用制度会引导人们更加合理的活动。

（2）约束功能

制度的确立是对经济当事人行为选择范围的限定，如果制度不能对经济当事人的行为有所约束，制度也就不成其为制度。作物资源开发利用制度的约束功能有两层含义：一是指经济当事人在制度规定范围内进行决策；二是对超过制度约束边界的经济当事人的行为进行约束。制度能否很好地发挥约束功能，关键是要做到制度边界明确。不难理解，世界范围内现行作物资源开发利用中出现的诸多问题与现行作物资源开发利用制度体系不完善，范围边界模糊、界定不清有很大的关系。

（3）保障功能

由于经济当事人的有限理性、环境的不确定性和复杂性，人们对未来的预期就不可避免地带有风险且带有极大的不稳定性。通过制度安排，能有效地起到保护自然环境与生态的作用，从而使经济当事人与环境、生态形成合理而又稳定的预期，使不确定性降低到最低程度。

（4）利益分配功能

不同的制度安排相应地界定了不同的产权，而不同的产权安排又相应地确定了不同的“个人或其他人受益或受损的权利”。从这个意义上讲，制度是关于利益分配的规则，进而形成正的或负的收入效应。例如，选择不同的作物资源所有制意味着作物资源的所有权界定给不同的所有者，同时也就确定了作物资源“利”的不同流向。当然，这种正的或负的收入效应又会影响到经济当事人开发利用作物资源的行为，进而影响到资源效率的发挥。

9.3 节约型社会资源可持续利用——基于反馈平行因子的资源与经济反向同伸

世界范围内经济的发展，都是直接或间接地以资源的消耗为代价，只是消耗资源的种类和数量有所不同，消耗的方式各异。我国人口比重大，人均资源占有量少，在如此大的人口压力下，发展经济需要解决的一个关键性问题是资源的节约与利用。以往，资源经济学家的目标偏重于对再生资源的利用与再生的相关性分析。当前，尤其是发展中国家，资源的财富亏缺现象非常普遍，从资源代际管理角度着眼，我们应遵从资源的代际伦理法则，不能只站在当代人的利益基点上，忽略后代乃至久远的未来人的利益，缩减他们的发展空间。党的十六届三中全会审时度势，提出树立科学发展观，创建节约型社会，构建社会主义和谐社会。如何正确理解和领悟节约型社会的内涵，建立适宜于节约型社会的资源利用模式，对节约型社会的资源利用进行评价，事关当代、惠及未来、意义深远。

9.3.1 节约型社会资源利用模式

经济的增长与资源消耗的缩减是不是可以共容？回答是肯定的。尤其对于创建节约型社会，更应将资源的科学利用与低消耗作为追求目标。哈罗德—多马曾提出，促进经济增长的关键是把储蓄用于投资及由此相关的劳动和资本积累。但罗伯特·索落（Solow, R. M.，1956）认为，哈罗德—多马漏掉了两项重要内容，即技术进步和按规模或比例的收益递增，从长远角度来看，技术进步才是经济增长最根本的因素。爱德华·丹尼森（Edward Dennison）在分析了有关资料后指出，美国经济产量增长的大约2/3可以归结于教育、创新、规模效益、科学进步以及其他要素。笔者认为，技术进步不但是促进经济增长的强有力因素，还是减少资源消耗的有力支撑。因此技术进步对于资源和经济具有双重影响，这种双重影响可以成为构建资源与经济的相关性的着眼点。

节约型社会资源利用的一个重要指标是资源消耗量的绝对减少。消耗量减少的途径之一是减少资源使用量，技术进步和创新是资源使用量减少的有效途径，途径之二是减少损失量，损失量的减少则要依靠制度的约束和营造节约的良好风尚。

基于我国现有的资源存量和人均资源占有量，在节约的基础上加强教育和自主创新能力，提高技术进步对于经济的贡献份额，缩减资源的消耗比率尤其重要。从资源经济学角度分析，要创建节约型社会，我国的资源利用制度应进一步体现合理的资源配置方式和标准。一般地，经济结果是以下变量的函数：

$$O = f(e, s, p_s) \quad (9-3)$$

式中，O 表示经济结果；e 表示环境，主要指自然资源、资本存量和技术等；s 和 p_s 分别表示体制和政策，可以理解成资源的配置方式和资源利用制度。从以上函数可以看出，好的经济结果应有充足的资源储备、资本存量以及优良技术的支撑，附以合理的资源配置方式、科学的资源利用制度。

我国当前强调自主创新、创建节约型社会，这是从资源经济学角度勾画经济结果的产生方式。一方面最大限度地减少资源消耗和环境破坏；另一方面优化资源的合理配置，建立可持续的资源利用制度，保障经济的稳健高速发展，从根本上体现了节约型社会资源利用的基本内涵。但节约型社会资源的可持续利用绝不是一句空话，资源消耗量的减少也应有章可循。节约型社会的资源利用制度应构建一定的模式，建立在“反馈平行因子”基础上的“经济增长与资源消耗减少的长消模式”不失为衡量资源消耗量绝对减少的有效尺度。

9.3.2 资源与经济的“反馈平行因子”构建

9.3.2.1 资源消耗的迭率（Decrease Rate）、反馈迭率（Feedback Decrease Rate）与反馈迭值（Feedback Decrease Number）

经济的增长都会以资源的消耗为代价，尤其是发展中国家，经济发展处于高速发展期，经济结构处于快速转型期，管理认知与经济发展不同步，常会造成资源的极大浪费、环境的极度破坏。对于节约型社会，经济发展一方面追求经济的有效增长，另一方面应着眼资源消耗量的降低。一段时期内，经济发展所消耗的资源量的减少占消耗资源量的百分比，称为资源消耗的迭率（Decreased Rate）。资源消耗的迭率是客观的概念，反映的是经济发展过程中资源（包括再生资源和非再生资源）的一个消耗的降级数值。

从资源经济学角度来看，节约型社会经济的增长率应与资源消耗的减少率形成一种反向平行关系，即经济的增长速率可以看作是经济结果发生的周期内资源消耗减少的平行指标。资源消耗反馈迭率（Feedback Decreased Rate）是资源消耗的一个人为界定指标，指一段时期内，在管理认知范围内的最大科技贡献率作用下，经济增长过程中所消耗的资源量的减少占资源消耗量的百分比，其应与经济增长率相同，被称之为反馈迭率。反馈迭率是理想态的资源消耗量的减少比率，其与经济增长率表现为 1∶1 的阶数平行关系。但受经济发展环境、经济发展体制、政策等因素的影响，有的国家和地区的资源消耗反馈迭率与经济增长率形成小于 1∶1 或大于 1∶1 的阶数平行关系，这时的资源消耗反馈迭率与迭阶（Decreased Class）的积即为资源消耗的反馈迭值（Feedback Decreased Number）。反馈迭值是节约型社会资源利用模式的一个重要指标（王晓为，2006）。

9.3.2.2　资源与经济的反馈因子平行构建

为了解决资源与经济的最优化问题，学者们提出了许多的诸如动态最优化、线性规划、非线形规划以及博弈论等优化方法，如何抛开纷繁复杂的中间因素，构筑节约型社会资源与经济的直接相关关系，建立直观的资源与经济反馈平行因子“消长法则”将有益地促进节约型社会的发展。

节约型社会的标志：资源利用体制应反映经济的有效正增长和资源消耗的负增长，对于资源的直接指标体现为资源消耗量的绝对减少。节约型社会是和谐社会的必然步骤，我们把节约型社会经济的增长率看作是资源消耗减少率的反馈指标。简单说，为维系资源的代际公平和资源的可持续利用，经济增长的幅度多大，资源消耗的减少幅度就应该相应多大。这就是资源与经济的反馈平行因子假说。其中人的节约意识和科技创新、科技贡献率是节约型社会资源与经济反馈平行因子假说得以实现的重要保证。因此，资源相对于经济的反馈迭值的孵化力一方面来自于节约，另一方面来源于科技进步。

资源与经济的反馈平行因子假说可因资源种类用任何一种平行的函数形式表示。笔者采用以下公式建立资源与经济的反向平行关系：

$$R_r(R_e) = 10^n R_i(E_c) \tag{9-4}$$

$$D_C = 10^n \tag{9-5}$$

式中，R_i 代表经济增长率；R_r 代表资源消耗的缩减率；n

为阶指数；D_c 代表资源的反馈迭值的迭阶。

当 n 为 0 时，资源消耗的反馈迭值等于反馈迭率。

9.3.3 节约型社会的资源节约利用评价

9.3.3.1 节约型社会的资源节约利用评价

发展中国家创建节约型社会是必要的而且是必然的选择。由于资源消耗的基数大，因此资源消耗迭值的可塑空间大。在现实经济生活中，可采用资源消耗的反馈迭值开展对资源节约与利用的评价。我们将资源消耗反馈迭值的阶系数分为如下几个等级（表 9-1）：

表 9-1 资源消耗的反馈迭值、阶系数分级

指标	等级					
	Ⅰ	Ⅱ	Ⅲ	Ⅳ	Ⅴ	Ⅵ
阶指数（n）	$n>1$	$1\geq n>0$	0	$0>n\geq -1$	$-1>n\geq -2$	$-2>n$
迭阶	$Dc>10$	$10\geq Dc>1$	1	$1>Dc\geq 0.1$	$0.1>Dc\geq 0.01$	$0.01>Dc$
反馈迭值 N	$Dc\times x\%$	$Dc\times x\%$	$Dc\times x\%$	$Dc\times x\%$	$Dc\times x\%$	$Dc\times x\%$
反馈迭率 Fr	$x\%$	$x\%$	$x\%$	$x\%$	$x\%$	$x\%$

资源消耗的反馈迭值的大小能反映发展中国家或地区资源利用的节约情况和科技创新对资源消耗缩减的贡献份额，通过资源消耗的缩减与经济增长的反向同伸关系，进而体现资源的优化配置是否合理，资源利用制度的功能是否完善，同时间接地反映整个社会科技进步的程度。

资源利用评价中资源消耗基数（basic number of consumption）的确定：

在利用反馈平行因子假说指标进行资源利用评价的过程中，资源的消耗基数是重要参考指标。在通常情况下，资源的消耗基数取区域内近些年资源消耗的平均值。

$$C_b = \frac{1}{n}\sum_{i=1}^{n} X_i \tag{9-6}$$

以此资源消耗基数与世界范围内尽可能多的国家相同资源消耗量比较，确定资源消耗基数的大小。

具体选取尽可能多的国家的资源消耗量为因子求均值，并以其为中轴线。确定超出中轴与最大消耗量的中间值为基数偏大、小于中轴线与最小消耗量的中间值为基数偏小。

9.3.3.2 可持续利用评价

资源消耗基数偏大时，反馈跌阶 D_C 的扭力弹性系数较小，阶值变化具有趋高性，迭阶灵敏度小，较小的迭阶不能反映社会资源利用的合理性，人为调控应向大迭阶方向倾斜。

资源消耗基数介于两领域之间时，反馈跌阶开始出现双界域，即过大的资源消耗跌阶会限制经济的增长(表 9-2)。

表 9-2 节约型社会的资源可持续利用评价

指标	等级					
	Ⅰ	Ⅱ	Ⅲ	Ⅳ	Ⅴ	Ⅵ
阶指数 (n)	$n>1$	$1\geqslant n>0$	0	$0>n\geqslant-1$	$-1>n\geqslant-2$	$-2>n$
迭阶	$Dc>10$	$10\geqslant Dc>1$	1	$1>Dc\geqslant0.1$	$0.1>Dc\geqslant0.01$	$0.01>Dc$
反馈迭值 N	$Dc\times x\%$	$Dc\times x\%$	$Dc\times x\%$	$Dc\times x\%$	$Dc\times x\%$	$Dc\times x\%$
反馈迭率 Fr	$x\%$	$x\%$	$x\%$	$x\%$	$x\%$	$x\%$
基数偏大	强可持续	可持续	可持续	基本可持续	弱可持续	临界可持续
正常基数	弱可持续	可持续	可持续	可持续	基本可持续	弱可持续
基数偏小		弱可持续	强可持续	可持续	可持续	弱可持续

资源消耗基数偏小时，反馈迭阶 D_C 的扭力弹性系数较大，阶值变化具有趋低性，迭阶的灵敏度大，较小的迭阶能折射出社会资源利用的合理性。

9.3.3.3 资源与经济等距反向同伸关系稳固程度与可持续性的分析

资源与经济的等距反向同伸关系不但能反映资源的节约利用情况，还是社会经济发展和资源利用可持续的表现。从上述分析中可以看出，阶基数在 $1>n>-1$ 时经济发展和资源利用可持续的几率较大，这说明经济的增长率与资源消耗的反馈跌率的平行距离越小，同伸关系越稳固，持续态势越好。当平行距离为 0 时即为反馈迭值等于反馈跌率。

图 9-3 表示的是资源与经济的反向同伸关系，横坐标代表经济增长率，纵坐标代表资源消耗迭率。从图中可以看出，只有在第一象限内经济的增长与资源消耗的降低是共容的，也是我们界定的讨论范围。两条射线之间的区域为资源与经济反向同伸关系的稳固区，即当阶基数在 $1>n>-1$ 时资源可持续利用与经济可持续发展的稳固性好。

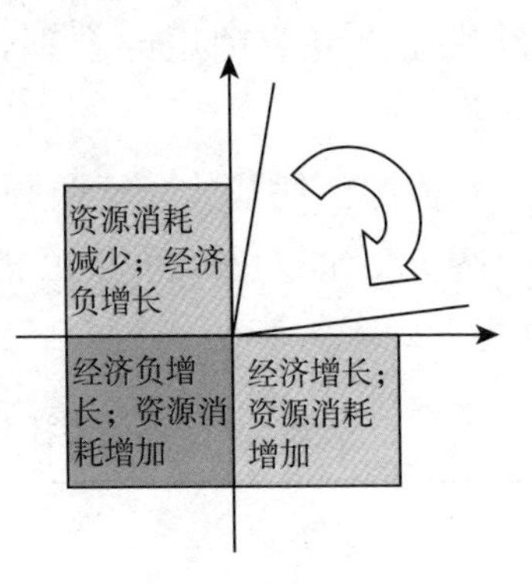

图 9-3　资源与经济等距反向同伸稳固性分析

9.3.4 资源与经济的反向同伸与作物种质资源的可持续利用

当前，作物种质资源的战略意义已经被广泛认知，但作物种质资源的保护和可持续利用应遵循怎样的原则，应与人类的经济活动形成怎样的相关机制，却研究甚少。作物种质资源丢失是一种正常现象，因为某一作物品种在进行人为选择的同时，还进行着自然选择，因此很难界定在种质资源丢失的过程中，是自然因素起主导作用，还是人为因素起主导作用。但有一点可以认定，人类的生态足迹加速了种质资源的流失。如何采取相关的措施，规范人类的行为，减缓作物种质资源的丢失是作物资源利用与管理的主题。

资源与经济反向同伸原理同样适用于作物种质资源可持续利用的管理与评价。从当前全球范围内的作物资源利用状况看，还应追求节约型的资源利用和开发机制，通过建立起作物种质资源的数量指标与经济发展指标的相关性关系和作用机制，规范人类的行为，促进作物种质资源的可持续利用。

根据该原理，假定种质资源遗传多样性秉承自然法则，以经济增长和作物种质资源的减少为因子，建立经济增长和作物种质资源的数量向量指标减少的复合反馈因子监控体系。

具体的三元复合因子为：①可利用总量资源遗失的减少比率；②野生近缘种总量资源遗失的减少比率；③人均占有资源量减少的比率。具体见下列公式：

$$R_{r_1}(R_1) = 10^{n_1} R_i(E_C)$$

$$D_{C_1} = 10^{n_1} \tag{9-7}$$

$$R_{r_2}(R_2) = 10^{n_2} R_i(E_C)$$

$$D_{C_2} = 10^{n_2} \tag{9-8}$$

$$R_{r_3}(R_3) = 10^{n_3} R_i(E_C)$$

$$D_{C_3} = 10^{n_3} \tag{9-9}$$

表 9-3　建立在平行因子基础上的三维因子的作物资源可持续利用评价

维度/层面	相关指标	等级 Ⅰ	Ⅱ	Ⅲ	Ⅳ	Ⅴ	Ⅵ
第一维度总量层面	阶指数（n）	$n>1$	$1\geqslant n>0$	0	$0>n\geqslant-1$	$-1>n\geqslant-2$	$-2>n$
	迭阶	$Dc>10$	$10\geqslant Dc>1$	1	$1>Dc\geqslant0.1$	$0.1>Dc\geqslant0.01$	$0.01>Dc$
	反馈迭值 N	$Dc\times x\%$	$Dc\times x\%$	$Dc\times x\%$	$Dc\times x\%$	$Dc\times x\%$	$Dc\times x\%$
	反馈迭率 Fr	$x\%$	$x\%$	$x\%$	$x\%$	$x\%$	$x\%$
	评价	弱可持续	可持续	可持续	可持续	基本可持续	弱可持续
第二维度野生资源层面	阶指数（n）	$n>1$	$1\geqslant n>0$	0	$0>n\geqslant-1$	$-1>n\geqslant-2$	$-2>n$
	迭阶	$Dc>10$	$10\geqslant Dc>1$	1	$1>Dc\geqslant0.1$	$0.1>Dc\geqslant0.01$	$0.01>Dc$
	反馈迭值 N	$Dc\times x\%$	$Dc\times x\%$	$Dc\times x\%$	$Dc\times x\%$	$Dc\times x\%$	$Dc\times x\%$
	反馈迭率 Fr	$x\%$	$x\%$	$x\%$	$x\%$	$x\%$	$x\%$
	评价	强可持续	可持续	可持续	基本可持续	弱可持续	临界可持续
第三维度人均资源层面	阶指数（n）	$n>1$	$1\geqslant n>0$	0	$0>n\geqslant-1$	$-1>n\geqslant-2$	$-2>n$
	迭阶	$Dc>10$	$10\geqslant Dc>1$	1	$1>Dc\geqslant0.1$	$0.1>Dc\geqslant0.01$	$0.01>Dc$
	反馈迭值 N	$Dc\times x\%$	$Dc\times x\%$	$Dc\times x\%$	$Dc\times x\%$	$Dc\times x\%$	$Dc\times x\%$
	反馈迭率 Fr	$x\%$	$x\%$	$x\%$	$x\%$	$x\%$	$x\%$
	基数较大	强可持续	可持续	可持续	基本可持续	弱可持续	临界可持续
	正常基数	弱可持续	可持续	可持续	可持续	基本可持续	弱可持续
	基数较小		弱可持续	强可持续	可持续	可持续	弱可持续

以上三组公式分别代表总量资源、野生近缘种资源和人均占有资源与经济的反向同伸关系及相关迭阶。表9-3中第一部分为总量资源层面的评价；第二部分为野生近缘种资源层面的评价；第三部分为人均占有资源层面的评价，其中也对人均占有资源的原始情况进行了基数界定。从表9-3的在三维因子评价的基础上再进行复合评价就可以看出某一区域内作物种质资源的可持续利用的一般情况。

以上是假定作物种质资源的质量变化在秉承自然法则的前提下的情况，即忽略了人类活动对资源质量的影响。但是简单以作物种质资源的资源数量为因子进行资源可持续的评价是偏颇的，因为人类的主观意识和活动还会对种质资源质量产生影响。具体评价体系见作物资源的可持续利用评价部分。

9.4 作物资源的可持续利用评价

9.4.1 作物种质资源可持续利用的基本要求

（1）时间维上的可持续性

指资源利用在时间维上的持续性，即无退化的作物种质资源利用方式，强调当代人不能剥夺后代人本应享有的同等发展和消费的机会。

（2）空间维上的可持续性

指资源利用在空间维上的持续性，即区域的资源开发利用和区域发展不应损害其他区域满足其需求的能力，并要求区域间农业资源环境共享和共建。

9.4.2 区域作物种质资源可持续利用评价指标体系的构建

区域作物种质资源的利用在施行相关规则进行规范的同时，要采取切实可行的方法，构建科学的评价体系对作物种质资源的可持续利用进行评价。区域作物种质资源可持续利用评价指标体系主要从作物种质资源的总量指标、比例指标和包括多样性和品质在内的质量指标三个方面着眼。

总量指标具体指区域内可利用的作物种质资源总量、野生近缘种总量、人均资源占有量；比例指标具体指已做评价的作物种质资源比率、创造性作物资源比率和需要保护的资源比例；质量指标具体指遗传多样性和品质指标，从包括核型分析（染色体指标）、同工酶指标、分子标记指标的微观上进行评价到抗病虫表现和品质表现，详见图 9-4。

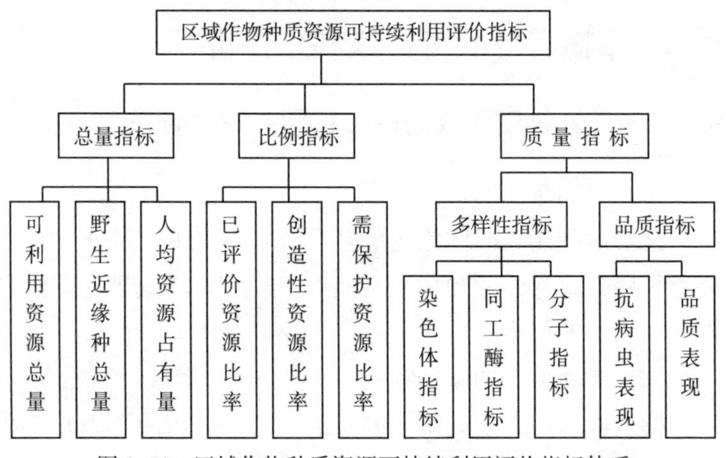

图 9-4　区域作物种质资源可持续利用评价指标体系

在区域作物种质资源可持续利用的评价指标体系中，总量指标是作物种质资源数量向量的自然因素指标的总体描述，其中的三个数量因子皆为正相关指数；比例指标是数量向量的社会因素指标的总体描述，其中评价资源比率为正相关指数，其余两个为负相关指数；质量指标中，多样性指标是正相关指标，品质指标是非线性相关指标。

9.4.3 作物种质资源的价值和价格评价

作物种质资源也是一种自然资源，对作物种质资源的价值进行有效而科学的评价利于作物种质资源的可持续利用。一是针对作物种质资源的自然属性的评价，强调资源本身的功能数量，评价的意义在于避免出现人类对作物资源开发的同时，造成对作物资源及其所在环境的功能性破坏和数量上的耗竭。二是对作物种质资源经济属性的评价，强调资源的质量及其利用所产生的价值。质量不仅仅是指资源本身品质的好坏，还包括资源品种、数量、品质等在时间和空间的组合配置（朱彩梅等，2005）。

综观国内外作物种质资源的保护和管理工作，由于价值核算和评估体系的缺乏和不完善，造成作物种质资源可持续利用的难作为，发达国家在这方面未能建立起有效的价值评估体系，这与这些国家作物种质资源相对贫乏，缺少建立评估体系的动力有关；另一方面，也因为发达国家在生存与发展中大量依靠发展中国家的作物种质资源，若建立起资源价值评估体系和产权制度，就需要与作物种质资源原产国分享创造的商业利益，这也是作物种质资源迟迟没有价值量化的主因。因此，发达国家不愿意在种质资源价值评估及产权保护方面投入力量。而中国作为作物种质资源大国，农业在国民经济中占有十分重要的地位，有必要投入力量，开展作物种质资源价值评估理论和方法研究，建立作物种质资源价值评估和产权保护体系，促进作物种质资源的可持续利用。

9.4.4 作物种质资源的丰度、多度评价

作物种质资源的量与质随时体现着作物种质资源的价值情况，同时也决定人类利用作物遗传资源的可持续能力。作物种质资源的量具体指某一区域特定时间范围内用于农作物品种改良可使用资源的数量，可由丰度和多度来体现。丰度是生物学的一个指标，这里具体指某一作物不同生态类型的丰富程度。多度指某一生态区域内作物品种的数量。数量决定选择性，作物种质资源的多度、丰度直接关系到作物种质资源的可持续利用，作物种质资源的存量是种植业生产环节能量截获得以持续发展的基础因子。

9.4.5 作物种质资源的遗传多样性评价

种质资源的质具体为某一区域特定时间范围内用于农作物品种改良可使用资源的性状优异程度和丰富情况，其中的一个重要指标是遗传多样性。

分子水平上的生物多样性称为遗传多样性，遗传多样性是生物多样性的基础和核心，遗传多样性常采用分子标记手段进行监测和评价。

遗传多样性是作物种质资源的一个重要质量向量的指标，它反映作物种质资源作为自然生物资源的多样化的生命实体特征。常规育种所暴露出的致命缺点是作物育成品种已经出现和正在出现的一种倾向，现在品种的遗传结构越来越

相似，这样，它们就可能在很大的地区范围内对天气做出相似的反应。例如，Duvick 1989 年就发现，当时美国玉米产量的变异，与 60 年前几乎没有差别（这两个时期的 CV 大约都为 0.1）。又如 20 世纪 1923—1995 黑龙江 162 个大豆育成品种中，以白眉（A019）为祖先亲本的品种多达 108 个，遗传贡献值超过 0.5 的品种达 14 个（盖钧镒，2008）。

9.4.6 作物种质遗传资源量与质互作效应评价

作物种质资源的量与质随时体现着作物种质资源的价值情况，同时也决定人类利用作为生物资源的之一的作物遗传资源的可持续潜力。那么，发生在作物系统内部的量质互作效应对作物种质资源的可持续利用也会产生直接或间接的作用。任何生物资源的多数量都益于优良性状的选择，同样，优异基因的变异和丰富的遗传多样性利于生物资源多度的提高。作物遗传资源量与质的互作效应指作物生态系统内部的遗传量与遗传信息质量的交互作用。作物种质资源的存量是种植业生产环节能量截获得以持续发展的基础因子；作物种质资源的质量是种植业生产环节能量截获得以发展内在的动力因子；而作物种质资源量与质的互作效应则是决定种植业持续发展的弹性因子。

9.5 作物资源“三元”文库体系的建立

9.5.1 作物资源“三元”文库机制

近年来，许多国家和国际生物保护组织都建立了作物种质资源库。我国为保存作物种质资源，分别在中国农科院和宁夏等地建立了作物资源长期库、中期库和备份库（目前，我国已建成国家级农作物种质长期库2座，中期库10座，多年生种质资源圃32个；植物园300多个；保存农作物品种及与其近缘野生品种的国家种质库，是我国目前保存种类最多数量最大的种质库），但仍没有减缓作物资源的丢失。未来的作物种质资源保存应建立作物资源“三元”文库，即基因、种群、生态三维资源库，从更深层面上保管作物遗传物质，最大限度地保持种质遗传多样性。

多样性是生命最突出的特征之一。有机体的种类、形态，有机体之间的相互依存与对抗都是生物多样性的具体表现，而蛋白质及核酸的多样性则是生物多样性的物质基础，因此生物多样性是一个内容十分广泛而且高度综合的研究领域。Millar C L，ford I D（1988）；邬建国（1992）；马克平（1993）把生物多样性分为三个层次：遗传多样性（genetic diversity）、物种多样性（species diversity）和生态系统多样性（ecosystem diversity）。物种多样性是生物多样性的中心，遗传多样性是生物多样性的基础，生态系统多样性是生物多样性的保证（田兴军，2005）。这样的分类标准和思维对作物种质资源的保护也同样具有重要学术价值和指导意义。因此，在作物种质资源保护这一系统工程中，基因、种群、生态三者相依相倚。缺少遗传多样性则丧失了多样性的根本；缺少种群的丰富，则多样性无从谈起；没有丰富的生态保障，作物种质资源多样性难以维系。

9.5.2 自然保护区与作物种质资源的文库建设

一般而言，保护生物多样性的措施分为“就地保护”

(in situ conservation）和“迁地保护”（ex situ conservation）两种方式，前者是主要措施，后者是补充措施。普遍认为，生境的“就地保护”是生物多样性保护最为有力和最为高效的保护方法。就地保护不仅保护了所在生境中的物种个体、种群或群落，而且还维持了所在区域生态系统中能量和物质运动的过程，保证了物种的正常发育与进化过程以及物种与其环境间的生态学过程，并保护了物种在原生环境下的生存能力和种内遗传变异度。

就地保护措施就是建立自然保护区，通过对自然保护区的建设和有效管理，从而使生物多样性得到切实的人为保护。

作物遗传资源是指栽培作物的品种资源及其野生亲缘种。我国农业历史悠久，遗传资源极其丰富。随着外来品种的引进、推广和高产品种的种子专业化生产，使作物的遗传多样性发生深刻的变化，我国特有的一些地方性古老、土著品种已逐渐消失。随着自然生境的不断缩小，一批农作物野生亲缘种正遭受生存威胁，有些已经消失。这些野生亲缘种对改良作物品质具有不可代替的作用，应当得到有效的就地保护。

在我国已建的自然保护区中，以遗传资源为主要保护对象的不多，主要有：保护栽培果树野生亲缘种的新疆巩留野核桃保护区、塔域巴旦杏保护区等；保护野生花卉资源的湖北保康野生腊梅保护区、黑龙江老山头荷花保护区等。中国是世界作物的重要起源中心之一，据统计，在我国栽培的600多种作物中有237种起源于本国。而我国在遗传资源就地保护方面差距较大，很多工作有待于开展。例如，我国是水稻的起源地之一，分布有3种野生稻，但至今尚未建立野生稻生境自然保护区，随着农业开发，野生稻生境将日益缩小，不久将会消失，将造成重大的经济损失。

我国东北是大豆的主产区，野生大豆遗传资源异常丰富，由黑龙江省农科院采集、编目、收存的野生大豆遗传资源多达815个，但由于没有建立保护区，过度放牧、过度垦荒，加之缺少相应的保护措施，这些野生种质资源消失殆尽。没有人料定，由黑龙江省农科院编目收存、迁地保护的这些大豆野生资源能保存多久，对此，国家应给以充分关注。

眼下，遗传多样性的保护与利用已成为国际性关注的热点，在联合国《生物多样性公约》中，遗传资源的保护与利用是一项重要内容，涉及国家的利益。因此，加强作物种质遗传资源的保护是生物多样性保护的战略问题之一，应给予特别重视。在自然保护区规划中，应重视作物遗传多样性的就地保护，力争多建立一些地方保护区，保护和挽救野生种及近缘种。

9.5.3 对本土种质资源的评价、开发与“三元”文库

很多单位和个人对外来物种可能导致的生态和环境后果缺乏足够的认识，在外来物种的引进方面存在一定程度的盲目性和急功近利的倾向。有些地方和部门，盲目认为外来种比本地种好，因此在工作中不注意发掘本地的优良品种，而热衷于从国外引种，极大地破坏了本地作物种质资源生态系统。在外来种质有意引进的管理中，没有制定和执行科学的风险评估制度。另外，对外来种质只重引进、疏于管理，也

可能导致外来物种从栽培地、驯养地逃逸到自然环境中而演化为具有入侵性的物种，造成潜在的环境灾害。

我国是历史悠久的农桑大国，本土的农作物种质资源曾为世界农业的发展做出积极贡献。例如，水稻在世界各国的粮食生产中占有很大的比重。我国丰富的稻种资源在日本、印度、意大利、美国，特别是在南亚和东南亚国家稻作生产和育种中都起了重要作用。国际水稻研究所培育的IR8新品种水稻，由于产量高而被誉为奇迹稻。其父母本直接或间接都是来自中国稻种。国际水稻研究所以“IR”命名的15个品种均来源于中国的母本Cina。亚洲很多国家种植的水稻中，有一半以上具有Cina母系基因。日本利用中国水稻品种荔枝红、杜稻等培育出一系列抗稻瘟病的丰产品种。

世界上许多科学家经常用我国优秀的地方品种进行优良品种的杂交培育。早在20世纪50年代，国外科学家就用四川地方春小麦品种“中国春”创造出一整套小麦的单体、缺体材料，使世界小麦遗传学研究及其在育种上的应用得到迅速发展。阿根廷利用中国小麦为抗源，育成了世界著名的抗叶锈品种38M. A。意大利科学家引用与中国小麦亲缘关系极为密切的日本品种赤小麦，育成了敏塔纳、矮粒多等早熟高产品种。

世界各国的大豆都是陆续从中国传播出去的。美国1765年就引进了中国大豆，当今美国大豆育种的基础材料主要来自中国。20世纪50年代，中国抗孢线虫的北京小黑豆，挽救了美国大豆生产因孢线虫病严重发生而大幅度减产的局面。1990年美国科学家从中国大豆中发现抗涝的基因，并培育出抗涝的大豆品种。后又在从中国交换的大豆中发现了抗疫霉根病的材料，并加以利用。目前，美国已成为世界第一大豆生产国，美国大豆供应世界需求一半左右。美国的科研人员也承认，他们大豆生产之所以有今天的成绩，中国大豆种质资源做出了重要贡献。

因此，利用现代生物技术加大对我国本土作物种质资源的认识、评价和开发力度将是 21 世纪我国作物种质资源管理的主要任务。

参 考 文 献

［1］包庆德，夏承伯．走向荒野的哲学家——霍尔姆斯．罗尔斯顿及其主要学术思想评介［J］．自然辩证法通讯，2011，1（33）：98－106.

［2］卜祥记．“ 生态文明 ”的哲学基础探析［J］．哲学研究，2010（4）：17－23.

［3］曹南燕．论科学的“祛利性”［J］．哲学研究，2003（5）：63－69.

［4］曹永生，陈育，孔繁胜．中国作物种质资源信息共享网络的建立［J］．资源科学，2001，23（1）：46－48.

［5］陈安宁．资源可持续利用：一种资源利用伦理原则［J］．自然资源学报，2001，16（1）：65－70.

［6］董国安．从生物界的辩证法到生物学哲学［J］．自然辩证法研究，2009，10（25）：70－75.

［7］段伟文．对技术化科学的哲学思考［J］．哲学研究，2007（3）：76－85.

［8］高崇明，张爱琴．生物伦理学十五讲［M］．北京大学出版社，北京：2004. 11－12.

［9］郭贵春．当代科学哲学的现状及发展趋势［J］．哲学动态，2008（9）：5－7.

［10］何光源，何勇刚．转基因作物安全评价及其伦理学慎思

[J]. 华中科技大学学报（社会科学版），2005（1）：109-114.

[11] 胡化凯．道家技术观对现代科技文明发展的启示［J］．自然辩证法通讯，2001，2（30）：75-80.

[12] 贾民伟，唐玉红．转基因作物对生物多样性影响的伦理分析［J］．武汉理工大学学报（社会科学版），2006，19（3）：376-379.

[13] 贾士荣．转基因作物的环境风险分析研究进展［J］．中国农业科学，2004，37（2）：175-187.

[14] 贾士荣，金芜军．国际转基因作物的安全性争论——几个事件的剖析［J］．农业生物技术学报，2003，11（1）：1-5.

[15] 姜文来，罗其友．区域农业资源可持续利用系统评价模型［J］．经济地理，2000，20（3）：78-81.

[16] 蒋远胜，谭静．转基因作物（GM Crops）产业的发展及其对我国农民生存发展的影响［J］．农业科技通讯，2006（8）：8-9.

[17] 康德．实践理性批判［M］．韩水法，译．北京：商务印书馆，1999.

[18] 雷毅，李小重．深层生态学的自然保护观［J］．清华大学学报（哲学社会科学版），2002，17（1）：90-93.

[19] 李惠男．经济的视角：现代西方发展观的危机［J］．自然辩证法研究，2005，21（6）：76-81.

[20] 李建军，倪景涛．植物转基因技术创新中的伦理问题与道德责任［J］．宝鸡文理学院学报（社会科学版），2006，26（5）：5-9.

[21] 李明阳，徐海根．生物入侵对物种及遗传资源影响的经

济评估 [J]. 南京林业大学学报（自然科学版），2005，29（2）：98－102.

[22] 李培超．环境伦理学的正义向度 [J]. 道德与文明，2005（5）：19－22.

[23] 梁立明，林晓锦，钟镇，等．迟滞承认：科学中的睡美人现象 [J] 自然辩证法通讯，2009，1（31）：39－45.

[24] 梁学庆，陈红霞．关于资源伦理观的思考 [J]. 学习与探索，2003，146（3）：91－93.

[25] 刘福森．寻找时代的精神家园 [J]. 自然辩证法研究，2009，11（25）：5－9.

[26] 刘会玉，林振山，张明阳，等．人类周期性活动对物种多样性的影响及其预测 [J]. 生态学报，2005，25（7）：1635－16411.

[27] 刘睿．生物遗传资源的获得和惠益分享法律制度研究 [D]. 北京：中国政法大学，2006.

[28] 刘湘溶．人与自然的道德话语——环境伦理学的进展与反思 [M]. 武汉：湖南师范大学出版社，2004：89－90.

[29] 刘旭．中国生物种质资源科学报告 [M]. 北京：科学出版社，2003.

[30] [英] 罗杰·珀曼，马越，等．自然资源与环境经济学 [M]. 侯元兆等译．北京：中国经济出版社，2002：54－84.

[31] 马克思恩格斯全集 [M]. 第20卷．北京：人民出版社，1979：521.

[32] 马克思．1844年经济学哲学手稿 [M]. 中央编译局，译，北京：人民出版社，2004.

[33] 农业部科技教育司．中国农业生物多样性保护与可持续

利用现状调研报告［M］. 北京：气象出版社，2000.
［34］彭福扬，刘红玉．论生态化技术创新的人本伦理思想［J］. 哲学研究．2006（8）：104－106.
［35］北京大学现代科学与哲学研究中心．钱学森与现代科学技术［M］. 北京：人民出版社，2001：91.
［36］曲福田．资源经济学［M］. 北京：中国农业出版社，2001：204－220.
［37］萨顿．科学的生命［M］. 刘雳增，译，北京：商务印书馆，1987：51.
［38］邵永生．从“人是目的”谈“敬重自然”的道德情感［J］. 自然辩证法研究，2009，11（25）：16－20.
［39］佘正荣．环境伦理学中的道德客体与正义取向［J］. 现代哲学，2003（4）：47－54.
［40］佘正荣．环境伦理学的价值论依据［J］. 科学技术与辩证法，2002，19（4）：8－12.
［41］沈银柱．进化生物学［M］. 北京：高等教育出版社，2002.
［42］苏振锋．从三维角度论现代技术观的演进与和谐技术观的构建［J］. 哲学动态，2010（4）：90－97.
［43］孙道进．“生态中心主义”的隐性逻辑及其批判——“生态伦理学”如何可能［J］. 科学技术与辩证法，2005，22（3）：11－14.
［44］孙玉娟，王晓为．生态伦理制度运行机制的构建及其作用［J］. 农业现代化研究，2010，31（1）：51－54.
［45］孙伟平．价值论转向［M］. 合肥：安徽人民出版社，2008：98－99.
［46］王凤珍．重建类本位的环境人类中心主义生态伦理学

[J]. 自然辩证法研究，2006，22 (10)：14-18.

[47] 王国坛，王东红．在实践基础上实现人与自然的和解 [J]. 哲学研究，2009 (5)：25-30.

[48] 王健．现代技术伦理规约的特性 [J]. 自然辩证法研究，2006，22 (11)：54-57.

[49] 王荣江．知识论与科学哲学的关系及其当代发展 [J]. 自然辩证法研究，2009，25 (2)：30-34.

[50] 王晓为．植物基因工程中的作物资源伦理与代际管理 [C]. 2005 全国博士生学术论坛（中国三农问题）. 南京：南京农业大学，2005：154-162.

[51] 王晓为，丁广洲，梁学庆．作物资源的非生态性偏差与人类行为下的种质生态伦理 [J]. 农业现代化研究，2007，28 (3)：87-91.

[52] 王晓为．东北老工业基地的资源利用模式和资源与经济的“反馈平行因子理论”．振兴东北老工业基地专家论坛论文集 [C]. 哈尔滨：哈尔滨出版社，2006：265-269.

[53] 王晓为，王晶宇，丁广洲．作物资源伦理观念的调查及决定性因素分析 [J]. 自然辩证法研究，2012，28 (7)：95-101.

[54] 吴苑华．从自然生存到技术生存再到生态生存 [J]. 自然辩证法研究，2010，12 (26)：75-80.

[53] 徐建龙．反思科技伦理悖论 [J]. 哲学动态，2008 (10)：64-67.

[54] 杨清荣．制度伦理的社会实践维度 [J]. 哲学动态，2008 (11)：52-56.

[55] 杨通进．环境伦理学的三个理论焦点 [J]. 哲学动态，

2002（5）：26－30.

［56］杨通进．罗尔斯代际正义理论与其一般正义论的矛盾与冲突［J］．哲学动态，2006（8）：57－63.

［57］杨通进．转基因技术的伦理争论：困境与出路［J］．中国人民大学学报，2006（5）：53－59.

［58］叶平．生态哲学的内在逻辑：自然（界）权利的本质［J］．哲学研究，2006（1）：92－98.

［59］叶平．生态哲学视野下的荒野［J］．哲学研究，2004（10）：64－69.

［60］叶平，卢志茂．生物多样性保护的伦理问题［J］．自然辩证法研究，2005，21（8）：14－17.

［61］余谋昌．马克思和恩格斯的环境哲学思想［J］．山东大学学报（哲学社会科学版），2005（6）：83－91.

［62］余谋昌．公平与补偿：环境政治与环境伦理的结合点［J］．文史哲，2005，291（6）：5－11.

［63］余治平．“生态”概念的存在论诠释［J］．江海学刊，2005（6）：5－10.

［64］约翰·齐曼．为何信赖科学为何信赖科学［J］．曾国屏，译．哲学动态，2003（1）.

［65］曾国屏．当代科学与哲学关系的多维性［J］．贵州社会科学，2009，2（230）：4－9.

［66］赵迎欢，陈凡．现代伦理学视角与基因技术伦理原则的建构［J］．东北大学学报（社会科学版），2003，5（4）：238－240.

［67］周鸿，蒙睿．生态补偿机制的生态伦理学基础［J］．云南环境科学，2005，24（2）：37－39.

［68］朱彩梅，张宗文．作物种质资源的价值及其评估［J］.

植物遗传资源学报，2005，6（2）：236－239.

［69］邹成效．技术异化与技术共同体［J］. 科学哲学与科学方法，2006（12）：156－158.

［70］张晶．HPS（科学史、科学哲学与科学社会学）：一种新的科学教育范式［J］. 自然辩证法研究，2008，9（24）：83－87.

［71］张磊．中国传统农业文化的当代价值［J］. 西北农林科技大学学报（社会科学版），2004（4）：111－115.

［72］朱亚宗．哲学思维：无形而巨大的科技创新资源［J］. 哲学研究，2010（9）：119－123.

［73］Anne Ingeborg Myhr，Terje Traavik. Genetically Modified (GM) Crops：Precautionary Science and Conflicts of Interest［J］. Journal of Agricultural and Environmental Ethics，2003，16（3）：227－248.

［74］Anne Ingeborg Myhr，Terje Traavik. Sustainable Development and Norwegian Genetic Engineering Regulations：Applications Impacts and Challenges［J］. Journal of Agricultural and Environmental Ethics，2003，16（4）：317－336.

［75］Edith T. Lammerts Van Bueren，Paul C. Struik. Integrity and Rights of Plants：Ethical Notions in Organic Plant Breeding and Propagation［J］. Journal of Agricultural and Environmental Ethics，2005，18：479－493.

［76］Edwards，S. F. Ethical preferences and the assessment of existence values：does the neoclassical model fit?［J］. Northeastern Journal of Agricultural Economics，1986，15：145－159.

[77] Elton C S. The Ecology of Invasion by Animals and Plants [M]. London: Chapman &Hall, 1958.

[78] Ernst Mayr. The myth of the non-Darwinian revolution [J]. Biology and Philosophy, 1990. 5 (1): 173 - 195.

[79] Ernst Mayr. Goldschmidt and the Evolutionary Synthesis: A Response [J]. Journal of the History of Biology, 1997, 30 (1).

[80] Frankham R, Ballou J D, Briscoe D A. Introduction to Conservation Genetics [M]. New York: Cambridge University Press, 2002.

[81] George B Frisvold, John Sullivan, Anton Raneses. Genetic improvements in major US crops : the size and distribution of benefits [J]. Agricultural Economics, 2003, (28): 109 - 119.

[82] Glenn - Marie Lange, Faye Duchin. Strategic Planning for Sustainable Development Using Natural Resources Accounts: The Case of Indonesia. The Third Biennial Conference of the International Society of Ecological Economics, Costa Rica. 1994, 10: 24 - 28.

[83] Gremmen, B. Intrinsic Value and Plant Genomics. in: J. H. Tavernierde and S. Aerts (eds.), Science, Ethics & Society (Katholieke Universiteit Leuven, Leuven, 5th Congress of the European Society for Agricultural and Food Ethics, 2004: 145 - 147.

[84] Harlan, J. R. Our vanishing genetic resources. Science, 1975a. 188: 618 - 621.

[85] Henk Verhoog, Mirjam Matze, Edith Lammerts van

Bueren，Ton Baars. The Role of the Concept of the Natural（Naturalness）in Organic Farming [J] Journal of Agricultural and Environmental Ethics，2003，16（1）：29－50.

[86] Hooper D. U.，Vitousek P. M. The effect of plant composition and diversity on ecosystem processes [J]. Science，1997，277：1302－13051.

[87] Ian Kennedy. Genetically modified crops：the ethical and social issues [M]. London：Published by Nuffield Council on Bioethics，1999：95－106.

[88] Jason P. Harmon，Erin Stephens，John Losey. The decline of native coccinellids（Coleoptera：Coccinellidae）in the United States and Canada [J]. Journal of Insect Conservation，2002，18：981－1012.

[89] Jeffrey Burkhardt，Paul B. Thompson，Tarla Rae Peterson. The first European congress on agricultural and food ethics and follow-up workshop on Ethics and Food Biotechnology：a US perspective，Agriculture and Human Values，2000. 17，4；AGRICOLA 327.

[90] John E. Losey，Maureen E. Carter，Susan A. Silverman. The effect of stem diameter on European corn borer behavior and survival：potential consequences for IRM in Bt-corn Entomologia Experimentalis et Applicata，2002，105：（2－3）.

[91] Jones T. A. The Restoration Gene Pool concept：Beyond the Native Versus Non-native Debate [J]. Restoration Ecology，2003，11：281－290.

[92] J. Priddle, R. B. Heywood, E. Theriot. Some environmental factors influencing phytoplankton in the Southern Ocean around South Georgia [J]. Polar Biology, 1986, 5 (2).

[93] Kaiser J. Rift over biodiversity divides ecologists [J]. Science, 2000, 289 : 1282 - 1283.

[94] Karp A, Edwards K J. DNA markers: a global overview [A]. Caetano- Anollés G, Gressh off PM. eds. DNA Markers Protocols, Applications, and Overviews [C] New York: Wiley-Liss, Inc.. 1997: 1 - 13.

[95] Kathrine Hauge Madsen, Preben Bach Holm, Jesper Lassen, Peter Sandoe. Ranking Genetically Modified Plants According to Familiarity [J]. Journal of Agricultural and Environmental Ethics, 2002, 15 (3): 267 - 278.

[96] Knight. A Dying Breed [J]. Nature, 2003, 42: 568 - 570.

[97] Krebs, A. Ethics of Nature-A Map [M]. De Gruyter, Berlin, New York, 1999.

[98] Lammerts van Bueren, E. T. and P. C. Struik. Integrity of Plants: The Missing Element in a Holistic View on Organic Plant Breeding and Propagation. Proceedings Such is Life, Reconciling reductionism and holism. (Louis Bolk Institute, Driebergen). 2005.

[99] Lammerts van Bueren, E. T. , P. C. Struik, M. Tiemens-Hulscher, and E. Jacobsen. The Concepts of Intrinsic Value and Integrity of Plants in Organic Plant Breeding and Propagation [J]. Crop Science, 2003, 43:

1922－1929.

[100] Loreau M. Naeem S，Inchausti P， et al. Biodiversity and ecosystem functioning：current knowledge and future challenges [J] Science，2001，294：804－848.

[101] Louise O. Fresco. Crop Science：Scientific and Ethical Challenges to Meet Human Needs，3rd International Crop Science Congress 17－22 August 2000 Hamburg，Germany.

[102] Macarthur R H. Fluctuation of Animal Population and a Measure of Community Stability [J]. Ecology，1955，36：533－536.

[103] Macarthur R H，Wilson E O An Equilibrium Theory of Insual Zoogeography. Evolution，1963，37：373－387.

[104] Maurizio Iaccarino. EMBO Reports. Science and ethics，2001，2 (9)：747－750.

[105] May R M. Stability and Complexity in Model Ecosystems [M]. 2nd ed. Princeton：Princeton University Press，1974.

[106] McCann KS，The diversity-stability debeate [J]. Nature，2000，405：218－233.

[107] Miguel A. Altieri. Applying Agroecology to Enhance the Productivity of Peasant Farming Systems in Latin America. Environment，Development and Sustainability，1999，1 (3－4).

[108] Mikael Karlsson，Ethics of Sustainable Development-a Study of Swedish Regulations for Genetically Modified Organism [J]. Journal of Agricultural and Environ-

mental Ethics, 2003, 16 (1): 51-62.

[109] Morito, B. Intrinsic Value: A Modern Albatross for the Ecological Approach [J]. Environmental Values, 2003, 12: 317-336.

[110] Myskja, B. K. Is There a Moral Difference Between Intragenic and Transgenic Modification of Plants? in: J. H. Tavernierde and S. Aerts (eds.). Science, Ethics & Society (Katholieke Universiteit Leuven, Leuven). 5th Congress of the European Society for Agricultural and Food Ethics, 2004: 141-144.

[111] Nei M. Analysis of gene diversity in subdivided population [J]. Proc. Nat. Sci. USA. 1973, 70: 3321-3323.

[112] Nicole C. Karafyllis. Renewable Resources and the Idea of Nature-What Has Biotechnology Got to Do with It? [J]. Journal of Agricultural and Environmental Ethics, 2003, 16: 3-28.

[113] N. Nath, S. Mathur, I. Dasgupta. Molecular analysis of two complete rice tungro bacilliform virus genomic sequences from India [J]. Archives of Virology, 2002, 147: 1231-1249.

[114] N. N. Roy, J. S. Gladstones. Prospects for interspecific hybridization of Lupinus atlanticus Gladst. with L. cosentinii Guss [J]. TAG Theoretical and Applied Genetics, 1985, 71: 368-394.

[115] Norton B G. Why preserve natural variety [M]. Princeton. Princeton University Press, 1987: 210-211.

[116] Norton G. Environmental Ethic and Weak Anthropocen-

trism [J]. Environmental Ethics，1984，2：131－148.

[117] Plasterk，R. "The Emancipation of Ethics，" in Ethics in Science，87th Dies Natalis（Wageningen：Wageningen University and Research Centre），2005：7－13.

[118] Prescott-Allen，R.，C. Prescott-Allen. The Case for in situ conservation of crop genetic resources [J]. Nature and Resources，1982，18：15－20.

[119] Pretty，J. Agri-culture. Reconnecting People，Land and Nature. London. Earthscan Publications，2002.

[120] Rehmann-Sutter，C. Dignity of Plants and Perception. in：D. Heaf and J. Wirz（eds.），Intrinsic Value and Integrity of Plants in the Context of Genetic Engineering. Proceedings of Workshop（Ifgene，Dornach），2001：4－8.

[121] Rolf Meyer，Florence Chardonnens，Philipp Hübner，Jürg Lüthy. Polymerase chain reaction（PCR）in the quality and safety assurance of food：Detection of soya in processed meat products Zeitschrift für Lebensmitteluntersuchung und-Forschung A，1996，203（4）：1169－1198.

[122] Sagoff M. On preserving the natural environment [J]. Yale Law Journal，1974，(81)：68－77.

[123] Slatkin M. Gene flow and the geographic structure of natural populations. Science，1987，236：787－792.

[124] Smith，R. D. The influence of collecting，harvesting and processing on the viability of seed. In：J. B. Dickie，S. Linington，and J. T. Williams（eds.）. Seeds Man-

agement Techniques for Genebanks: A Report of a Workshop Held 6 - 9th July 1982 at the Royal Botanic Gardens, Kew, U. K. International Board for Plant Genetic Resources. Rome, 1984: 42 - 84.

[125] Solow, R. M. A contribution to the theory of economic growth [J]. Quarterly Journal of Economics, 1956, 70: 65 - 94.

[126] Sue Mayer, Andy Stirling. Finding a Precautionary Approach to Technological Developments-Lessons for the Evaluation of GM Crops [J]. Journal of Agricultural and Environmental Ethics, 2002, 15: 57 - 72.

[127] Sylvie Pouteau. The Food Debate: Ethical Versus Substantial Equivalence. Journal of Agricultural and Environmental Ethics, 2002. 15: 289 - 302.

[128] T. A. Jones and S. R. Larson. Development of Native Western North American Triticeae Germplasm in a Restoration Context [J]. Czech J. Genet. Plant Breed. 2005, 41 (Special Issue): 108 - 111.

[129] Taylor P. Respect for Nature: A Theory of Environmental Ethics [M]. Princeton University Press, 1986: 169 - 219.

[130] Tilman D, Downing J. A. Biodiversity and stability in grassland [J]. Nature, 1994, 367: 363 - 365.

[131] Timothy, D. H. Plant Germplasm resources and utilization. In: Farvar, M T. and J. P. Milton (eds.). The Careless Technology: Ecology and International Development [M]. New York. The Natural History Press,

1972.

[132] Timothy, D. H. , Goodman M. M. Germplasm preservation: the basic of future feast or famine; genetic resources of maize-an example. In: I. Rubenstein, R. L. Phillips, C. E. Green, and B. G. Gengebach (eds.). The Plant Seed: Development, Preservation, and Germination. New York. Academic Press. New York, 1979: 171 - 200.

[133] Van Kasteren, J. Expensive advertising campaign of the Ministry of Agriculture, Nature and Food Quality for organic products. Strengthening taboos impedes sustainable development. Spil 2002: 185 - 186. 5 - 8.

[134] Verhoog, H. , M. Matze, E. Lammerts van Bueren, and T. Baars. The Role of the Concept of the Natural (Naturalness) in Organic Farming [J]. Journal of Agricultural and Environmental Ethics, 2003, 16: 29 - 49.

[135] Wang Xiaowei, Ding Guangzhou, Liang Xueqing. Crop Resources Ethic In Plant Genetic Engineering And Fortune Transfer Between Generations [J]. Journal of North East Agricultural University (English Edition), 2006, 13 : 169 - 173.

[136] Wirz, J. and E. Lammerts van Bueren (eds.). The Future of DNA. Proceedings of an International Conference on Presuppositions in Science and Expectations in Society (Kluwer Academic Publishers, Dordrecht). 1997.

[137] Wissenburg, M. L. Man, J. Nature and submission. A humanistic perspective on the intrinsic value of na-

ture. Inaugurele rede (Leerstoelgroep Toegepaste Filosofie, Wageningen Universiteit, Wageningen), 2005.

[138] Wood D, Lenne J M. Agrobiodiversity: Characterization, Utilization and Management. Wallingfood: CABI Publishing, UK. 1999.

[139] ZHU Youyong, CHEN Hairu, FAN Jinghua, et, al. Genetic diversity and disease control in rice [J]. Nature, 2000, (406): 718 - 722.